生活需要高级感

姜斯斯/著

台海出版社

图书在版编目（CIP）数据

生活需要高级感 / 姜斯斯著 . -- 北京 ：台海出版
社，2020.1

　ISBN 978-7-5168-2573-0

　Ⅰ．①生… Ⅱ．①姜… Ⅲ．①女性－修养－通俗读物
Ⅳ．① B825.5

中国版本图书馆 CIP 数据核字（2020）第 044392 号

生活需要高级感

著　　者	姜斯斯	

出 版 人	蔡　旭
选题策划	盛世云图
责任编辑	姚红梅
装帧设计	邢海燕
内文制作	郭廷欢

出　　版	台海出版社
地　　址	北京市东城区景山东街 20 号
邮　　编	100009
电　　话	010 － 64041652（发行，邮购）
传　　真	010 － 84045799（总编室）
网　　址	www.taimeng.org.cn/thcbs/default.htm
电子邮箱	thcbs@126.com

发　　行	全国各地新华书店
印　　刷	河北盛世彩捷印刷有限公司

开　　本	880mm × 1230mm　　1/32
字　　数	130 千字
印　　张	6.75
版　　次	2020 年 1 月第 1 版
印　　次	2020 年 1 月第 1 次印刷

书　　号	ISBN 978-7-5168-2573-0
定　　价	42.00 元

生活需要高级感

最近两年，"高级感"这个词很火。

基本上，大家用到的语境可能都是在形象美学方面，比如妆容发型、服装搭配等。

但是我想一个人除了外在美，还有内在美，还有自己、他人、我们和他人之间的关系。在每个方面，其实我们都可以用高级感来提升自己的审美，调整我们想去的方向，来创造我们理想的生活方式。

现在的女性已经打破了过去的桎梏，身心变得越来越自由。她们期望拥有更大的空间和舞台、更大的心胸和格局、更广阔的视野，能够看得到自己的内心和远方。

所以借由这一本书，我们从形象美学和审美开始，一路讲到情绪、人脉、财富和爱的进阶，这是一本精英女性的人生管理术。每一个模块的提升和突破，都建立在更高阶的认知和审美之上。

我们可能都遇到过这样的问题：

花了很多钱去买衣服、化妆品，甚至整形，想变得更美，但是打扮出来却并没有达到想要的效果；花了很多时间和精力去经营一份爱情，但最后却不尽如人意；疲于应对家人、朋友、同事、上司、事业合作伙伴、客户等错综复杂的人际关系……

有时，情绪还会起起伏伏，犹如洪水猛兽将人吞没。那些无效的思绪，像无底的黑洞，把我们的能量内耗一空。我们花费了很多的时间去追求财富，最后好像把力气使在了门轴上，怎么推都推不动……

这一切的一切，如何解决？

只有一个答案——提升人生管理的底层逻辑和认知力。

就像变美一样：要想变美，先要有审美。不然越用力，反而会越丑。

女性的人生进阶管理也一样，只有先建立更高级的人生审美，我们才能收获对人际关系的深刻理解、对爱和生命的正确解读以及对财富的累积。在这个过程中，我们历经锻炼，修炼身心，不放弃自我成长，最终才能铸造我们更为通透的人生。

其实所谓的高级感，归根结底在于对人性的全面解读以及对人情世故的通透理解。当内心淡定、平和的时候，我们的外在形象和人生选择自然而然也会变得美丽、睿智和贵气起来。

在这本书即将完成之际，我很感激我的亲人和长辈在过去三十年的时光里为我倾注的心血；

感谢华为，在我留法归来后，给予我一个能够跟世界顶尖人物接触和对话的舞台，让我走遍了二十多个国家，接待了几十位国家元首和部长，真正懂得了更高维度的人生审美；

感谢在烟波浩渺的书海里每一个散发着光芒的灵魂，你们用自己的思想和生命，照亮了后人前进和求索的道路；

感谢在我成长和前进道路上，每一个曾经关怀和帮助过我的贵人；

感谢我的先生，与我共同经历爱与痛，共同感受人间的至善至美；

感谢我的宝贝小九，当你来到这个世界上时，我开始反思生命存在的意义，开始珍惜每一分每一秒幸福温馨、祥和平静的时光，你的到来，让我曾经充满理性和逻辑的大脑开始变得温情；

感谢我的种子读者群，感谢你们在这本书的创作过程中出谋划策，你们的思想也融入了这一本书中。

希望在这个全新的开放时代，每一位女性都能够建立更高级的认知力，美得更高级、爱得更高级、活得更高级。生命因为有你们的存在而令人动容。

目　录

第六章　最高级的爱，使我们一起成为更好的人

第一章

女人
如何美出高级感

告别用力过度，
美出高级感

美，是人类不变的追求。

尤其是女性，对美的追求可谓贯穿毕生，孜孜不倦。

古今中外，不同的时期、不同的国度、不同的人群，都有着不同的审美。拿中国20世纪中叶至今五十多年的审美变迁来说：

六七十年代的时候，物质生产匮乏，大家生活得很朴素，都是清一色的布衣布鞋麻花儿辫，干净清爽就是美。

八九十年代，改革开放了，生活条件提升了，服装颜色和款式越来越丰富，那个时期很多照片上是蛤蟆镜、喇叭裤，女人开始学会了用一条淡花色的手绢系头发，不仅美还很时髦。

再后来，各种潮牌涌进，近几年，美容、美发、美甲、化妆等与美相关的行业越来越繁荣，知名品牌紧跟时代潮流，那就是迭代式的审美。于是人们接触到了一个词，叫作"新款"。消费者跟在各种"新款"后面买得不亦乐乎，热闹非凡。

这里面有一个非常有意思的现象：审美跟经济发展密切相关。

随着时代的进步，人们对审美的不懈追求、对什么是高级的美给出了最好的答案。所谓高级的美就是"清水出芙蓉，天然去雕饰"。越自然的越有韵味，越是值得品味。

给大家举个有趣的小例子。

十几年前，一线城市里面很多大商场都进驻了发饰专柜，闪闪发光一整面墙的发饰，简直是女生无法取代的心头好。即便发卡卖得很贵，专柜总是被围得水泄不通，甚至延伸兴起了盘发师，他们对着镜子给女士们编好各种各样的发式，插上闪烁的发卡。一个人还没有做完，后面早已是一排长龙，整天都忙不过来。

更有趣的是，发饰专柜还开展了增值服务，一旦购买发卡，将终生免费享受盘发。

坐在那儿半小时，发型能做多复杂就做多复杂，发饰越多水钻越好，最好盘上30个弯，然后再插上10个发卡，走出门恨不得让人戴着太阳镜才能直视才好。人们追求的美是那种观感上就闪闪发光躲不掉的美，肉眼看得见的眼花缭乱的美，也就是直白得不用去体会就看得到的美。

正是那年，我走出国门，去巴黎求学。

经过初来乍到的忙乱后，终于安顿下来。有一次逛街的时候，我望着香榭丽舍大街和穿梭如织的人群，却找不到闪闪发光的直白美，然后发现了巴黎女人一个共同点——几乎没有人佩戴发饰。她们头发随意，就算盘发也是松散一些的蓬松美，没有摇滚小辫儿，也没有过量的定型胶。于是不由得感叹：美原来可以美在心弦上，美得如此含蓄。

后来，我法语稍好一些了，专门找当地的同学问过为什么法国人很少戴发饰。

大家哑然失笑："发饰啊，那些金闪闪的一大堆，有些刻意了！"

我问："那你们去发型店都做什么？"

"发型很重要啊，不过越自然越好！"

"看不出来岂不是白做了？浪费钱啊！"

"不会，乍一看差不多，近距离看就会发现精心打理过的呢！"

原来还有这种操作！

电影发型师、发饰品牌Hair Designaccess造型师西尔万·勒昂这样总结他中意的发型："法国女人穿衣风格简约，但会用精心挑选的包包和相称的鞋来提升整体形象。美国女人更喜欢跟随潮流，意大利女人则更精致讲究。在我看来，凯特·摩丝在圣罗兰广告里的形象代表了巴黎女子的优雅，发髻微微垂散，有气质却不造作。我做发型时也是这样，我喜欢有动感的头发。发型不完美才会有感染力。"

这种巴黎女子的优雅"看似毫不费力"，却有着说不清道不明的魅力，总是惹人羡慕。

不仅是头发，在巴黎街头，你还能经常见到法国女人们经典又非常有质感的穿搭：简单的男士衬衫和芭蕾伶娜平底鞋、贡希尔德蕾丝上衣配牛仔裤和长靴、巴宝莉风衣（经典款）搭上一双及脚踝的羊皮短靴等。

概括起来，其实法国的女人有一整套穿衣打扮规范。她们认为优雅和招摇格格不入，并且觉得"炫富是土气和教养差的表现"。

于她们而言，理性和生活始终是第一位的。面对美食和衣物配饰，她们都坚持适可而止的原则。

因此，某种意义上，她们无所顾忌，就算没有做头发，没有化妆，也敢出门。这种随性自然的背后是优雅的生活态度和强大的自信心的支撑。

尽管她们也会花数小时打扮，却不显山不露水，更不会招摇过市。

一晃十多年过去了，如今一线城市的大商场里面，已经看不到坐在专柜等待盘发的人了，反而是各种养发馆、护理馆越来越多，也几乎不见有人染着大红大黄的头发出门了。

我们站在今天的时间点回顾过去几十年的审美变迁，才突然理解了当时巴黎同学们的潜台词——用力过猛的时代已经过去了！

经济的发展，物质生活的丰盛，也让我们的审美进入了一个高级感的时代。美已经从看得到的美升级转变为品味得到的美，视觉给出的美感成了最直白、最浅显的赞美，相反，一种自然流露出的美韵随着时代悄然来临。

我们再回想一下近些年关于美丽潮流的变化，以女人最重视的"眉眼"为例：

妈妈们的那个年代，文眉刚刚兴起，每个女人都以文了粗粗的眉毛、重重的眼线为美，认为眉毛、眼线越黑越重就越美。

现在回看，你一定不会觉得像毛毛虫一样的眉毛是美的，因为痕迹太重了，死板，不灵动。你想要美，结果美得并不完美，一种缺憾似乎爬上眉梢。

女性原本的柔美被这一条条粗黑的眉毛框得死死的，想随着心情换一个颜色形状都不行。

更关键的是，擦不掉，洗不去！

时间久了，黑色褪去，变成青蓝，对着镜子中的自己，真是不知道怎么办才好。于是又应市场需求——洗眉诞生了。然而，无非是付出金钱和疼痛的代价，抹去曾经用力过猛的痕迹。

当然，女性们是不会放弃的，于是慢慢地进化出了绣眉。这几年大火的半永久纹绣，虽然眉形各有千秋，总的来说你肯定看出了其中的趋势——越来越自然，越来越贴近自我，越来越真实。

那些粗粗的文眉、重重的眼线、金黄的染发、泡泡的大纱裙，无一不散发着"我很想美"的信息，但是一眼就看得出的美、透着心思的美，多少缺了些品味的余温。

是因为潮流变换太快，过时了吗？

并不是。

因为就算从来没有人跟你讨论过"高级感审美"这回事，凭借自己的眼光，你也会发现，这些"太用力"的东西似乎有一些"过犹不及"的感觉。

这就像是走在20世纪90年代的大街上，有人拿着大哥大打电话，大家一定会用羡慕的眼神看着他——嗯，他是个老板，有大哥大呢！但是今天如果有人拿着手机很大声地说话，想炫耀自己有手机的话，大家就会觉得很好笑。

同样，那种夸张的、炫耀的、生怕大家不知道自己美的"孔雀开屏"式的展示，在改革开放四十年后，经济飞速发展的今天，似乎已经不太合乎时宜。

在全民审美悄然升级，大家正在反思"暴发户"式的美的时候，回看那些旧时光里的美人，难道就不美了吗？

不见得。高级感的审美，是有共同点的。

如果我们翻开百年前的照片，就会发现很多那个时代的精英名媛的形象放到今天也是一点都不过时的，反而具有了一种经过沉淀越发醇厚的美、高级感的美。

这是因为她们美得很高级。美和时代有关，但不百分百绝对。

现在的新闻上，我们也可以经常看到各国王室的着装，无论是正式的晚宴、国家级会见，还是较为轻松的、半私人性质的场合，从大量的照片上，相信你都找不出精英名流们穿着破洞牛仔裤、超短裙的样子。

相反，那些女性一般都穿着正式的裙装，长度甚至没有在膝盖以上的。她们的裙装端庄大气，简单的搭配，利落的剪裁，有序而不张扬，在不经意的细节处又透出精心打理的痕迹，美得淋漓尽致。

但凡刻意的，都是想要凸显的；过度闪耀的，都是最为缺少的。真正的美是自带气韵的，是自然散发出来的。高级感的美经得起时间的考验，抵得过平凡的装扮。美在外表，更关乎一种审美和精神。

别让"网红脸"毁了你，
美出自己的特质

知乎上有一个点赞上万的回答：如果说"网红"是个中性词，那么"网红脸"一定是一个带贬义色彩的词。丰满的额头、欧式双眼皮、卧蚕、高鼻梁、苹果肌、嘟嘟唇……是"网红脸"的标配。"网红脸"，这个高度发展的整容行业和大众审美作用下的产物，正以一种不可抵挡之势，快速侵占我们的视野。千篇一律的美，让我们分不清谁是谁，从而产生了审美疲劳。

追求美，是没有错的，爱美之心，人皆有之。

精致的五官是所有人共同追求的，整容或者微整形是一种让美来得更容易的手段，属于个人选择，也无可厚非。

美没有问题，整形也没有问题。

为什么"网红脸"会从爆红到现在被主流审美所批判？究竟是哪里起了变化，人们批判"网红脸"的真相是什么？

一些朋友去整容，是因为看到身边不少人去做了各种眼综合、鼻综合，打了肉毒素瘦脸，填充了满脸的玻尿酸。经过一系列的调整，整张脸就变成了欧式大双眼皮、又深又大的开眼角、高鼻梁、小鼻翼，嘴唇和苹果肌也都是鼓鼓的。

这样的调整，一眼看过去的确是抢眼了很多，但是仔细瞧瞧，总觉得哪里有些不对劲——"美则美矣，缺乏灵魂"。

这种毫无灵魂的感觉来自两个方面。

视觉上的僵硬和千人一面

现在很多人怀念二十世纪末香港影视的黄金年代。

那个时候出现了很多美得各有千秋的女星——林青霞、王祖贤、张曼玉、邱淑贞、关之琳、张敏、钟楚红、温碧霞、赵雅芝、黎姿、朱茵……

已被影迷"封神"的国际影后张曼玉，最为影迷所熟知的作品是陈可辛执导的《甜蜜蜜》，至今仍是经典爱情电影。这位港姐出身的女明星，是至今唯一一位获得五届香港电影金像奖最佳女主角、四届台湾金马奖最佳女主角，并同时获得柏林电影节和戛纳电影节、亚太电影节最佳女主角的华人演员。

生于台湾的林青霞可算是电影界的"玉女掌门人"，对大多数影迷而言，她最为人所知的作品肯定是《笑傲江湖之东方不败》，无论男女扮相都能惊艳全场。其他经典角色包括《鹿鼎记II神龙教》的龙儿、《白发魔女传》的练霓裳、《东邪西毒》的慕容嫣等。

还有多次与周星驰合作，作品囊括了《赌圣》《赌侠》《逃学威龙》系列、《鹿鼎记》系列、《武状元苏乞儿》《九品芝麻官》的张敏；香港影史上最有名的"聂小倩"——王祖贤；让影迷至今还为她和至尊宝的无果爱情叹息不已的"紫霞仙子"朱茵；穿着红色长裙，口咬扑克牌坐在赌桌上的经典形象——邱淑贞。

那个时候没有PS，没有大量过度的整容，每一个人都美得各有特点，独一无二，百花齐放，芳华绝代。

反观现在的生活，在一个审美标准下产出的脸，就像洋娃娃一样雷同：大眼睛、双眼皮、嘟嘟唇、尖下巴。

视觉上的趋同，造成了千篇一律的模样，拍照是好看了，但是似乎都变成"过目即忘"，傻傻分不清谁是谁。

肉毒素可以瘦脸，玻尿酸可以填充，虽然微调整之后暂时更美了，但是这些都是有有效期的，或是三个月，或是半年。当效果淡化后，你会无法容忍自己"不完美"的样子。

于是一针接一针地打，越来越上瘾，越陷越深。

更悲惨的是，可能没有人告诉过你，长期大量的微整形，会有后遗症。

为什么你会觉得有些脸笑起来像哭，哭起来却嘴角永远向上？

为什么面部线条很僵硬，一做表情要么动不了，要么一团团地凹凸不平？

为什么一些人的山根宽得像阿凡达？

原因就是这些填充物虽然大部分会被人体吸收，但还是有一些无法降解的东西累积下来。长年累月的叠加，便出现了无法逆转的后遗症。

大的整形手术就更不用说了。

看到这里，你心里也许会问：爱美没错，整形也可以，那这里面为什么会有人美有人丑，有人讨人喜欢有人令人生厌呢？

所有核心秘密只有一个——

"度"的把握!

偶尔吃糖,会让人心情愉快,天天吃糖,则会让人变胖;

偶尔喝酒,是小酌怡情,顿顿喝得酩酊大醉,则是伤人伤身;

偶尔撒娇,情感会更好,时刻闹别扭,大家估计很难接受;

偶尔严词,能催人警醒向上,每时每刻都批评指责,反而会激起逆反心理。

跟我们上面讨论的"用力过猛的时代已经过去了"一样,在变美这件事情上,学着千篇一律的样子去整容就叫作过度;上瘾式的长期整来整去,最终整成僵硬脸,就叫作过量。

如果你真是为了美,切记不要过度,不要过量,不然过犹不及!

心理上的不自信和缺乏底蕴

大家有没有关注过,为什么"刘亦菲的美"是一个历时十几年都经久不衰的话题?

大家可能听说过很多整成翻版一线女星的例子,但估计没有听说过成功整成刘亦菲的,因为她的美真的很难复制。

从《金粉世家》中的白秀珠到《天龙八部》里被大家惊为天人的王语嫣,从《仙剑奇侠传》里最贴近原著的赵灵儿到《新神雕侠侣》中清冷出尘的小龙女,剧中的她"身旁似有烟霞轻笼,当真非尘世中",美得不食人间烟火。她演活了一个个仙气四溢的角色,成为无数国人的"神仙姐姐"。

刘亦菲的美，从小到大都是一个样子，有自己的步调，有自己的坚持，她没有刻意去争去抢，去模仿谁，反而经久不衰，被网友们不停地谈论。抛开视觉上的僵硬感和雷同感不说，"网红脸"逐渐不被主流精英审美所欣赏的重要因素就是她们整容背后的心理——不自信，或者别有所图。

一个不得不承认的事实是，有些人花很多钱去整成了"网红脸"，比如一些当红宫廷剧里面，主角后面站着的一排丫鬟，几乎一个模子印出来的，清一色欧式大双眼皮，怎么也看不出古代仕女的神韵。

这种盲目的审美追随是什么造成的呢？

还没有见过世面。

曾因工作关系，我在商务活动中接触过不少成功女性。她们每一位都意气风发，却不咄咄逼人，从内到外淡定从容，美得各有各的特色，而且她们的美没有统一的标准。

可以这么说，对一个人颜值的最高评价，不是完美无瑕，而是长得高级；

对一个人整体气质气度最高的评价，不是霸气外露，而是高贵。

因为还没有见过很多人、经历很多事，就盲目追随，认为别人的美，就是极致的美。

今天娱乐新闻里面说这个明星好看，就要整成这个样子。明天朋友圈里看见别人都能拍出"网红脸"的效果，我也要。咨询师推荐什么款式类型，经不住两句说，立刻改变了之前自己的看法。

更有甚者，有一个姑娘想做鼻综合，放着正规的大医院不去，偏听信身边朋友介绍，去了一个连手续执照都不齐全的小诊所，而且笃定那是"名医"。

原因只有一个——我朋友在那里做了，挺好的！

这是一个鼻综合的手术，从医学上来说，要上麻醉的手术就不算是小手术了，需要专业的麻醉师全程监控。

这个姑娘还带着一个同事陪她一起去的。原本定为三个小时的手术做了六个小时，那个等在外面的同事也进不去，也找不到人，根本不知道是什么情况，急得只好给朋友打电话。

幸亏这时候这个姑娘被推出来了，也没发生什么大事。

但是回来以后，同事回忆道："当时真是吓死我了，一去那个诊所，要穿过一段黑乎乎的楼道，感觉就不好。后来在外面等了那么久，生怕出什么事了，我都不知道该找谁！以后千万别去这种地方了。"

但是这个姑娘嘿嘿一笑："没事，能有什么啊！我朋友都做了呢，一样没问题！"

看到这里，估计你都为这个姑娘捏一把汗，这是拿自己的命都不当回事。

其实这跟审美被影响是同一个原因，没有认知逻辑，没有自己的判断力，容易轻信，容易被影响，把自己的命运和模样托付给别人。

　　姑娘，当你迷失在众说纷纭中，连脸都是别人的样子时，真实的你在哪里呢？

合理配色提升气质，
分分钟穿出高级感

既然说到审美和形象美学，一定离不开颜色。

各种各样的色彩，组成了五彩斑斓的世界。

人们在享受颜色的同时，因为历史和社会的发展和变迁，又赋予了色彩不同的含义和情感。

如果你不懂得这些色彩背后的情感密码以及变化趋势，自然无法搭配出高级感。

比如，对于女人来说很重要的婚服，大家都会很自然地想到西式婚纱的白色或是中式传统的红色。但在先秦时期，婚服却是以玄色为主。因为在当时的观念中，按照五行思想，玄色是上天的象征，是最神圣的色彩。《周礼·染人》云："玄纁者，天地之色。"以这种颜色作为婚服的主要色调，正是人们重视婚礼的体现。

由赵丽颖饰演的北宋官宦小姐盛明兰（电视剧《知否知否，应是绿肥红瘦》）在结婚时穿的绿婚服也在播出时引起了不小的争议。殊不知，宋朝的婚服延续了唐朝红男绿女的基调，这恰恰是剧组道具服化的考究之处。

从婚服的用色可以看出，文化观念的改变左右了我们对色彩的习惯性用法和喜好。

那有没有"天生"就具备高级感的色彩呢?

答案是肯定的。

为什么一提起"紫色""明黄""朱红"等,大家就很自然地联想到气派、高贵、典雅等词?

这背后隐藏着一个技术问题,往往越具备高级感的色彩,其采收和提炼方法也往往越复杂。

越难获取的色彩越高级

中华色彩学会理事曾启雄在《绝色:中国人的色彩美学》中说:"古人使用天然染材有繁复的注意事项,必须从种植开始,采收与提炼方法也各自不同。"

在唐朝,因为印染技术低而成本高,平民百姓消费不起,所以大家穿着粗布麻衣。麻本来是什么颜色,衣服就是什么颜色,灰灰淡淡的,因此老百姓也叫"白衣"。不但官民之间衣服颜色截然不同,官员与官员之间衣服的颜色也因官阶不同而差别甚大。

"座中泣下谁最多,江州司马青衫湿。"这是唐朝大诗人白居易被贬之后所作的《琵琶行》中的一句。司马和长史合称为"上佐",是个地方小官,不亲实务,相当于现在的秘书或者顾问。由此可以看出,司马小官只有穿"青衫"的资格。

唐朝规定三品以上的官员和亲王的官袍是紫色,五品以上是朱色。可见高级官员们垄断了紫色、红色。这也是用"紫气东来""红得发紫""紫禁城"来形容贵气或者发达的由来之一。

不仅仅是东方，紫色也是西方王室贵胄的最爱。在中国古代，紫色是从一种名为紫草的植物中提炼出来的，比较容易得到，所以相对来说比较便宜。而古罗马皇族用的紫色染料只能是提取自一种长在地中海一带的"染料骨螺"。

为了从"染料骨螺"中提取紫色，染料师们敲开海螺的贝壳，要从25万只染料骨螺中，提取出大概14.17克染料，才能够染一条罗马长袍。

直到后来近代染料技术的发展，紫色在欧洲才变得寻常起来。但我们依然可以从单词的溯源中一窥这种染料的来之不易。英语中表达紫色的单词常用的有Violet和Purple。前者来源于古法语Violete，是指一种开着紫色花的植物；后者来源于拉丁语Purpura，则是指一种软体动物，恰好展示了紫色染料的两种取材途径。

如今，除了英国王室和日本王室成员出席正式活动，很少见到有人身着大面积的紫色衣服。这主要是因为，随着物质生活的不断提高，审美又起起落落一大圈，越来越有返璞归真的趋势。女性穿衣打扮越来越倾向于浅淡的素色，而非过于华丽的色彩。

就如曾启雄理事所说："色彩的消失，绝不仅止于色彩的改变而已，也相应带来文化与生活形态之改变。"这一点从这些年的影视剧风潮也可以窥得一二。

女生爱追环佩叮当的宫廷剧，纵观近十年最热门电视剧，从《金枝欲孽》的华贵雍容到《武媚娘传奇》的浓墨重彩，从《甄嬛传》的谨慎克制到《延禧攻略》中席卷全网的古朴淡雅却充满质感的莫兰迪色系，我们可以看到，导演剧组在影视画面、人物装扮、用色方面的选择，一直在进化；而大众的审美，显然更是在不断提升。

这就给我们带来了色彩搭配的思考。

找到适合你的系列层级色彩

找色彩的系列层级，有两个关键词：高饱和度和高级灰

1. 高饱和度

什么是高饱和度的颜色？

我们之前提到的皇帝用的"明黄"，高级官员们用的"大红""大紫"，这种色彩度特别高的颜色，就属于高饱和度颜色。

饱和度是指色彩的鲜艳程度，也称色彩的纯度。它取决于这个颜色中含色成分和消色成分（灰色）的比例。含色成分越大，饱和度越大；消色成分越大，饱和度越小。

纯色都是高度饱和的，如大红、明黄。掺杂白、灰或其他色调的颜色，是不饱和的颜色，如绛紫、粉红、黄褐等。完全不饱和的颜色根本没有色调，如黑白之间的各种灰色。

所以大红就比粉红的饱和度要高，也是整个红色系列里面饱和度最高的颜色，里面不掺杂任何其他颜色的成分。

在服装课上，搭配师经常用到色布和色卡，来比对每个人适合的色系。

其中有一个有趣的现象——在色系搭配的分布图里面，一般适

合高饱和度颜色的人，是可以通吃和向下兼容低饱和度颜色的。也就是说，能穿得了大红大绿的人，即使穿黑白灰等色彩的衣服也没问题。

但是，究竟有多少人能够驾驭得了大红大绿呢？

能把非常明亮鲜明的色彩穿上身以后，让别人看起来还是"人穿衣服"，而不是"衣服穿人"，这是很有难度的。

一般情况下，面部轮廓对比鲜明、五官大气、毛发颜色浓密深沉、气场强大的人，更能驾驭高饱和度的颜色。

关于各种色系和肤色的搭配对比，是一门专业的学问。如果大家感兴趣，可以在网络上学习一些相关的资料和课程。我在这里从心理和性格的角度为大家进行解读。

原色里面不掺杂任何颜色，饱和而纯粹，因此透露出色彩本身强烈的情感。

大红：经常被用来表达有活力、积极、热诚、温暖、前进等含义与精神，同时由于明度高，也常用来作为警告、危险、禁止、防火等标示用色；

明黄：黄色是亮度最高的色，充满活力而骄傲，像太阳的光芒，因此又象征着财富和权力；

纯蓝：由于传达了沉稳、理智、准确的意象，在商业设计中人们常用蓝色强调科技感、效率和严谨；

鲜绿：就像万物生长的生命本身一样，绿色安逸、和平，而生机盎然；

正紫：紫色是非知觉的颜色，神秘、高雅，给人印象深刻，有时给人以压迫感，并且常常跟女性相关。

每一种高饱和度的颜色，都有其本身的声音和情感。

因此配上这些颜色的时候，不知不觉中，它们代表了你的意识和心情，甚至在你自己都没有察觉到的时候，别人对于你的第一印象已经产生了。

而第一印象一旦产生，它会从潜意识层面左右别人对你的印象感知，而且将会持续很长时间。

高饱和度的颜色，同时也是所有颜色中最明亮的类别，它们传递出来的信号跟它们本身一样——浓重、强烈、极端、力量、最大化。

而从性格上来说，激烈、强势、非常有力量感的人在世界上的总人口里，所占比例并不高，这也是大多数人都无法掌控一系列高饱和度色系的原因之一。

我们可以想象一下，一个文静内敛的小姑娘，天天穿着大红色的套装，你应该只能记住她的衣服，而记不清她本身的模样。这更是会给人一种难以描述的违和感，这颜色跟她完全不搭，她想表达什么呢？

因此色彩作为服装的重要元素，不仅仅要跟主人的肤色搭配，还要传达出主人的气质和状态。色彩是具有情绪和能量的，当你的状态和特质并不属于这个系列层级时，只能任由自己湮没在一片颜色的海洋中，犹如小孩穿了一件大人的衣服，喧宾夺主；而一件合适的服饰，应该跟你的状态性格相得益彰，彼此衬托。

在此之上，荧光色更是超级难以搭配和显高级的色系。这也是为什么有"死亡芭比粉"的说法——越接近禁区的色系，选择难度愈大。荧光色在芭比娃娃的身上又美又仙，如果放在黄皮肤的普通亚洲人身上，效果却很一般。

还有一点可能别人不会告诉你：廉价感元素中，荧光色首当其冲。

如果不是时尚博主，或者浸淫在服装穿搭界的专业人士，普通人还是尽量不要轻易尝试这些"非常人挑战"为好。

2. 高级灰

《延禧攻略》火了。

不知道是它带火了莫兰迪色，还是莫兰迪色成就了《延禧攻略》。

之前的很多古装剧，在大红大紫、穿金戴银的路上一路狂奔，后来还用上了未来科技感的造型，比如各种夸张的发髻、亮片、荧光色等，越来越浮夸。就在这个时候，《延禧攻略》的视觉效果就像一泓清泉出现了，从服装配饰到滤镜场景，古朴而充满质感，柔和而平静。

莫兰迪色，出自意大利画家乔治·莫兰迪之手。

他从文艺复兴早期的大师们的作品里反复尝试，在画画时，先涂一些鲜艳的色彩，再用一层灰、白色调的颜料覆盖上去，一遍遍中和，最终提炼出了一系列的色彩——藕荷色、灰霾蓝、玫瑰金、褐土黄、米白、粉橘、橄榄绿……

正因为灰、白的加入，这些经过调和后的颜色，饱和度降低，不再鲜明夺目，对视觉的冲击力减弱。

之前我们提到的高饱和度的激烈的红色、骄傲的黄色、冲击的蓝色、浓郁的紫色，经过杂糅和调和，变成了淡雅的粉色、朦胧的鹅黄色、沉静的灰蓝色、高雅的藕荷色。

与此同时，它们之间相互呼应，既可以千般搭配，万般变幻，又奇迹般地传达出一种彼此和谐融合、舒适优雅的信息，让人内心深处生出宁静平和之感。

莫兰迪色系，也就是我们所说的"高级灰"的代表。

"高级灰"不是特指灰色，而是用灰、白将高饱和度的色彩调和之后，一种全新的审美呈现——中性、低调、和谐。这也映衬了半个世纪前时装大师克里斯汀·迪奥的话："灰色、苍绿色和粉红，这三种颜色永不过时。"

成为Dior 时装秀上的常客以后，"高级灰"继而对整个时尚、服装、家居、装饰的审美都形成了深远的影响，经历了琳琅满目、充斥着奢华感和富丽堂皇的审美阶段后，品位提升的人们陆续都转投向了高级灰的怀抱。

因此，高级灰不仅仅是一个系列的颜色，更重要的是，通过这些饱和度低、纯度低、不突兀、不张扬的色调，形成了一股安神抚慰的力量，平静持重，又柔和统一。

这种没有强烈冲击的美感，几乎适合所有人的肤色、五官、体格、气质。你不用担心这些颜色是不是适合自己，穿上身能不能掌控得住，表达的情感是否太过于浓烈。

颜色也有高级感。看似简单，却不经意间流露出精心调和后的质感，大方得体、矜持柔和，使人着迷。

画龙点睛的饰品，
轻松搭出满分精致感

英国皇室的两代王妃——戴安娜和凯特，都是全球的时尚标志。她们顶着皇室森严的礼仪规定，还能把自己打扮得既得体又时尚，收获了上至媒体下到网民的一致赞叹，这里面有很多小窍门值得我们学习和分享。

翻开照片，我们发现两位王妃大多时候都是正装出席，过膝的连衣裙或套裙，线条干净利落，笔直挺阔。从颜色到剪裁，其实是简简单单的，并没有纷繁复杂的装饰和过于明艳的色彩。

但是为什么就是这么简单的服饰，看起来总是那么精致，衬托得人分外高雅和有精神呢？

这里面的诀窍在于——画龙点睛。

将整体造型的精致感提升了好几个级别的，都是一些小物件：它可以是一对耳环、一枚胸针、一条丝巾，也可以是一只腕表、一枚戒指、一根腰带，更可以是一道发箍、一串项链、一顶帽子……

说到这里，我想感谢上帝创造了女人，更把这么多美妙的饰品给大家选择。

好的饰品选择，一定是整套造型中最给你加分提气的。只要掌握了以下几个原则，以后就可以妥妥地美到底了。

最大数量原则

在我们浩瀚精深的汉语言文字中，有一个成语是跟"画龙点睛"相反的，叫作"画蛇添足"。

满头珠翠放在古代可以彰显条件优越，放在现代就有点吓人了，除非是特殊场合。

这时候搭配和选择就尤为重要了。

这个时候要记住——身上的饰品，同时最多不能超过三件！

三件，是饰品的最大数量。

也就是说，当你戴了项链、手镯，如果穿搭得宜，就已经很好；如果你非得再加，最多再来一件，体量偏小的饰品也就足够了。

多就是"少"（没那么美），少即是"多"（漂亮指数100分）。

这其中的辩证式审美，不知你是否已经理解了呢？

黄金三角区

饰品有一个神奇的功效，就是把人们的注意力第一时间吸引过来。

发饰、耳环围绕在脸庞周围，别人的目光看到饰品后，肯定是落在了你的脸蛋上。如果你有奥黛丽·赫本那样长而优美的脖子，一定要多带项链，不能浪费上天对你的恩赐。

以此类推，我们上半身有两个饰品黄金三角区：头颈部和腰部。

一对耳环、一条项链和胸针的组合，一般可以很好地突出和点级头颈部，让视线流畅地随着它们一路流动，去捕捉你想要传达出来的信息。

如果腰部是你想突出的重点，则可以使用腰带、手部饰物等。手臂在自然垂放时就在腰部附近，戒指和手镯、腕表，都是不错的选择。

饰品的穿戴部分，无须过度集中在一处，造成视觉上的累赘和喧宾夺主的感觉。稍微分散处理，又从大范围上形成一个三角区，彼此映衬、互相呼应，才是最佳选择。

呼应原则

呼应，从简单上来说就是：在小环境层面，饰品之间要相呼应。

无论我们佩戴了两件还是三件配饰，它们之间是需要相互有呼应的，这也是为什么高级珠宝都是成套设计的原因。红宝石的项链，自然是搭配红宝石耳环最恰当，珍珠、钻石也是可以的，如果来一对中国风的翡翠或者金耳环，似乎就显得不合时宜了。

在中环境层面，饰品要和主人相呼应。

饰物所有的颜色、材质、设计款式，都有自己的语言，或俏皮，或优雅，或温婉，或热情，或妩媚。而一个人的气质，并不会有忽上忽下的变化。饰品的存在，就是为了衬托主人独一无二的风情，用它们自己的语言替主人说话。

因此一个好的饰品收纳柜，放眼望去，大致的风格是同类的。

个人IP时代，不要相信"百变女王"，反而要挑选出真正适合自己气质的穿搭风格，坚持下去，成为你个人形象标签的一部分。让所有人对你的印象，随着时间的推移更加深刻。

在大环境层面，饰品要跟场合环境相呼应。

珍珠项链无疑是最百搭的单品之一，把女人的高雅温婉表达得淋漓尽致。就是这么简简单单的珍珠项链，在不同的场合，却也有很多小秘密。

白天的正式商务场合，一条单串的珍珠项链就够了，显得优雅又干练庄重；到了下午茶或者晚宴时光，双层或者三层的珍珠项链才更加华美动人，与更为隆重的场合相得益彰。

与场景场合做好呼应，各种搭配才能显得得体和游刃有余。

基本上掌握了以上原则，饰品就是你整体造型里画龙点睛的神来之笔，既吸引大家赞叹的目光，又呼应场景环境，不喧宾夺主又把主人的气质映衬得更加动人。

不要刻意迎合所有人，
真实的你才最美

曾经有一次坐飞机出差，航空管制，一直在等待塔台的起飞通知。

闲来无事，我就拿起杂志准备翻一翻，正好那一期的封面是国内一线的当红女星。同行的是一位运营的主管，也是颇有艺术气质的大叔，他指了指封面说："亚洲有四大化妆神术，其中中国的PS稳居第一。把照片修得像一个假人一样，有什么好看的？是我审美出问题了还是大家出问题了。我在《时代周刊》封面上见过一次她的照片，高清镜头下，脖子上的颈纹，还有脸上细微的表情纹都很明显。但是非常真实，那多美啊！"

为了印证一下，我拿起手机搜出了这个女明星在《时代周刊》上的封面照，真不愧是超高清，眉毛下方的绒毛都根根分明，更不要提细纹了，甚至连毛孔上的卡粉都看得一清二楚。

如果这张照片放在国内，肯定是不行的：

啊，怎么可以有瑕疵？

皱纹！每一根都帮忙P掉！

肤色再白3个度，谢谢！

可奇怪的是，我看到《时代周刊》上的这张女星照片，心中跟这位文艺大叔是同一个感觉——她好美啊。

现在越来越多的明星开始以素颜示人，把真实的一面展现出来。

刘涛发了很多健身时候的自拍，满头大汗，素面朝天，却面色红润，元气满满；

刘亦菲在非正式场合，几乎都是素颜，去她的微博上看一下就知道了，她发的都是全无PS的生活照；

还有那张流传甚广的，章子怡为倍耐力年历拍摄的头像特写，真正的不施粉黛，把所有的雀斑、瑕疵、纹路，毫无保留地呈现在镜头下。但她却由于深邃平静的眼神，美得不可方物。

不过有时候她们的粉丝似乎还没有适应。偶尔发出来的素颜照，会被粉丝们立刻P图，顺带还埋怨一下明星的工作室或者经纪人，怎么可以把我们家女神"不完美"的照片发出来呢？

网友们各种滤镜、大眼、磨皮、美白、瘦脸，十八般武艺轮番上阵，明星顿时变成统一的网红审美标准。脾气好一些的笑笑就算了，脾气直一些的就直接抗议。

被刻意美白磨皮后的照片，从客观来说是有些过分白了，更关键的是五官似乎只剩下一个平面，一点颜色对比，立体感全失，像戴了个面具。

高级感的审美，不应该是单一标准，更不应该是为了"完美"假装出来的表象。千篇一律的面具下，是一个个要么虚伪、要么不自信、要么另有所图的灵魂。

高层次的审美应该是去推崇和欣赏真实的美好。不伪装、不盲从，踏着自己原有的脚步，跟随内心真正的节奏，一步步地走在这个世界上。

春有百花秋有月，夏有凉风冬有雪。万物生长都有着自己的节奏，都会散发出属于自己的独特的美。这才是真实的、有生命力的、自信蓬勃的美丽。

《狼图腾》里面，陈阵是一个年轻的北京知青，响应国家号召前往内蒙古草原插队。作为一个汉人，他从小就对狼恐惧、仇恨，到达内蒙古后他才开始真正了解草原的生命和环境，进而深刻理解了狼图腾的精神。

在人类屠灭草原狼的过程中，他冒天下之大不韪，偷偷留下了一只小狼崽，自己养了起来。其中有一段这样的描述，令人久久不能忘怀：

陈阵久久地抚摸着狼耳。他喜欢这对狼耳，因为小狼的耳朵是他这几年来所见过的唯一保存完整的狼耳。两年多来，他所近距离见过的活狼、死狼、剥成狼皮或狼皮筒上的狼耳朵，无一例外都是残缺不全的。有的像带齿孔的邮票，有的没有耳尖，有的被撕成一条一条，有的裂成两瓣或三瓣，有的两耳一长一短，有的干脆被齐根斩断……越老越凶猛的狼耳就越"难看"，在陈阵的记忆里，实在找不到一对完整挺拔毫毛未损的标准狼耳。陈阵忽然意识到，在残酷的草原上，残缺之耳才可能是"标准狼耳"。

那么，小狼这对完整无缺的狼耳就不是标准狼耳了吗？陈阵心里生出一丝悲哀。他也突然意识到，小狼耳朵的"完整无缺"恰恰是小狼最大的缺陷。狼是草原斗士，它的自由顽强的生命是靠与凶狠的儿马子、凶猛的草原猎狗、凶残的外来狼群和凶悍的草原猎人生死搏斗而存活下来的。未能身经百战、招摇着两只光洁完美的耳朵而活在世上的狼，还算是狼吗？

经历草原残酷而壮美的竞争后，才生存下来的狼，尽管不够完美，尽管残缺，但是每一道疤痕都是它专属的图腾，讲述着只属于它的经历，唱响在这片腾格里草原上独一无二的生命之歌。

同样的，最高级的、最动人的美丽，来自真实的生命力。

那种真正由内而外散发出的蓬勃朝气，带着率真俏皮的惬意，带着不曲意逢迎的自在，带着对真实自我的尊重，带着对万物生长的规律的崇高敬意，哪怕有瑕疵，依旧会因为你唱出了"我就是我，是颜色不一样的烟火"，最终收获无数真诚的掌声。

这样的美丽，难道不比那些刻意讨好、假大空的虚伪，要高级上百倍千倍吗？

最后，我要把一句流传近千年的美妙佳句，送给每一位真实、自信、可爱的姑娘："等闲识得东风面，万紫千红总是春。"

第二章

有气质的女人，
更高级

你这么漂亮，
千万不要输在仪态上

气质，是一种虚幻而真实的东西。

之所以说它虚幻，因为它相对抽象，不像我们形容一个人的眼睛，可以用双眼皮、单眼皮、丹凤眼、大而圆、小而长、乌溜溜的黑眼珠、浓密得像瀑布一般的睫毛等好多词语来形容。

而之所以又说它真实，是因为它真真切切地存在着，透过一言一行、举手投足、一个眼神，确切地表达着：你是谁，你是怎么样的一个人。

身材不好，可以华服加身来修饰；

五官不完美，精致的化妆造型可以帮你重回颜值巅峰；

但是一个人的气质，却是怎么藏也藏不住，从来都临时抱不了佛脚，改也改不了。

有一次午休，同事刷抖音，被编辑成视频的一组照片吸引，照片里的女生黑发如瀑，白色的长裙随风飞舞，仙得不行。于是马上点进她的直播，想一探真容。谁知道进去没一分钟，就退了出来，还回过头跟我分享：你看看这个女生，不开口还是一个仙女，这一看真人开口说话，真是说不上来的浅薄粗俗。再配上她这仪态，双腿岔开坐着，哎呀，吓死我了，藏都藏不住！

但是人总不能化个妆，穿上漂亮衣服，就再也不开口说话吧？

每时每刻，我们还是个活生生的人呀！所以气质的修炼是毕生功课，必须得做。

那么，一个人的气质高级感体现在哪儿呢？

远远的100米开外走来一个人，你看不清她的容貌，却第一时间捕捉到了她的仪态。于是最初的第一印象就产生了。

在演讲技巧中，有一个规律：听众接收的信息中，55%是来自肢体语言，38%是来自语音语调，只有7%是来自文字内容。

这说明什么？身体仪态所传递的信息量，远远比你想象中要重要。如果说神情属于微表情，只有跟你近距离接触的人才能捕捉到，那么仪态就是扩音器，但凡看过一眼的人，都能记得清楚。

所以说，女人是三分容貌，七分仪态。

连哈佛大学前任校长伊力特都曾说过："在造就一个有修养的人的教育中，有一种训练必不可少，那就是优美、高雅的仪态。"

女神奥黛丽·赫本，一生没留下一张含胸驼背的照片，一直到老年，仪态都完美得无可挑剔。这与她从小学习芭蕾有着密切的关系，即便是成为好莱坞巨星之后，芭蕾也是她心中从未放弃过的梦想。

长年的舞蹈训练，会使人习惯性地保持舒展良好的仪态——肩膀打开，腹部收紧，腰杆挺直。整个人看上去饱满而挺拔，非常有精气神。

真正的美人不止脸蛋美，而是坐卧立行，生活中的每一个细节都美到让人心醉。而良好优雅的仪态，真的有整容级别的效果。

化妆和服饰，都对仪态几乎起不到任何修饰作用，一个女人的举手投足、身形姿态根本没有办法通过一些外在的装饰去掩饰，所以在仪态的修炼之路上，没有懒可以偷。

你想要懒散躺着，就必然没有优雅的坐姿；

你选择含胸驼背省点力气，给人的感觉就是萎靡不振没精神；

你跶着鞋拖泥带水地走路，就注定踩不出腰杆挺直、步步生风的步伐；

你站在那儿还两腿岔开、左右乱晃，就一定没有丁点儿淑女的修养和气质。

因此请你回想一下身边仪态好的女生，她一定是一个很自律，对自我修养有着长期坚持的人。所以当大家欣赏一个拥有着优雅仪态的人时，除了当下那一份赏心悦目的美丽，更是尊重在这端庄背后长期的坚持、自律和自我修养。

大家知道吗？肌肉是有记忆的。

每一种肢体语言对应着它专有的精神和情绪状态，会内化成我们的心理暗示和潜意识。

举个例子，当我们感觉轻松愉快的时候，腿部一般会做出什么样的姿势呢？

这个时候我们一般会比较放松，如果是站着的状态，我们往往会把重心放在一条腿上，另一条腿自然放松地站着，不太使劲地站着。

　　时间久了，我们身体的肌肉就记住了——当我的主人感觉轻松自在的时候，我往往是重心在一条腿上站立着。

　　而神奇的是，一旦这个逻辑成立之后，反向也是行得通的！

　　也就是说，当你觉得紧张需要放松时，尝试着把重心只放在一条腿上，你会惊奇地发现自己居然慢慢不紧张了。这也是我们给大家做演讲培训时的一个小窍门，如何有效地缓解上台后的焦虑。

　　同样，长期的含胸驼背，在我们的潜意识中留下的信息就是：

　　我没有精神，我的内在能量很弱，弱得我都直不起身体；

　　当有挑战时，我觉得自己不能胜任；

　　当别人跟我谈判时，我没有把握能够清晰表达和坚持自己的权益；

　　总之，就是我觉得自己不够强大，不够好……

　　这个时候，你就应该第一时间想起仪态和肢体语言强大的自我心理暗示作用，刻意地挺起自己的胸膛、打开肩膀、挺直腰杆。随着肢体动作的改变，你会发现神奇的感觉产生了：

　　一股自信的能量从心底升腾起来，肌肉的有力支撑又进一步巩固了这个心理感觉；

　　紧接着，你的气场和眼神也更加淡定，语气变得平缓却更有力量；

　　旁人感受到你的仪态和气息的加强，他们也会做出对应的改变——更加尊重和愿意聆听你的话语，更加专注地看着你的眼神；

　　所有的这一切，再一步地印证和加强了这一股信心和能量，于是，你真的变得更加自信、从容和优雅了。

那如何掌握优雅的姿势呢？

核心诀窍有两个：一是注意细节，二是动作幅度要小。

这里给大家再提供几个优雅姿势的黄金法则：

1. 无论是站立还是坐下，都要展露脖颈和前胸：气势和性感从这里来。

2. 背部挺直，下巴微微收起，骨盆摆正，膝盖并拢，前脚掌踩地是完美坐姿。

3. 收腰能呈现出S形线条。

4. 拿东西时，用指腹接触物品，可以营造柔和的优雅感。

5. 尽量少带东西，如果非要拿包的话，大挎包可以跨在肩上而不是挂在手肘上，并且要用大拇指扶着提手内侧，让包身往前倾斜；小挎包则用大拇指抵着肩带内侧的同时翘起手腕，另一只手若是扶着包就更好了；手包则只需手肘略弯曲，手腕微微翘起，斜握住它，并贴着身体。

做到这些，你的女人味一定翻倍！

当你享受到良好仪态带来的正面促进以后，你会在今后的时间里更多次、更频繁地应用它们。一次又一次的频繁使用，将会形成习惯，一旦养成了保持优雅仪态的好习惯，这将是一个受用终身的宝藏。

姑娘，
你不卑不亢的样子真美

有一天一个朋友闷闷不乐地来找我，说她自己总觉得跟别人的相处出了点问题，却说不上来具体是什么。

我就问她：有些什么事情让你感觉奇怪呢？

她愣了半天，突然倒豆子似的说了半个小时。比如说，早上进电梯，碰到了本来也不是那么熟的同事，打完招呼总觉得上十几层楼的时间很是尴尬，于是就主动找一些话题来聊，偏偏因为不太熟悉，有时候越聊越尴尬。

还有，男朋友有时候说一些话，也许对方本来没啥特别的意思，但是听在自己的耳朵里总觉得另有含义。于是旁敲侧击、小心求证，甚至夜里也翻来覆去地想，是不是哪里做得不好了，是不是两个人关系有啥问题了。

再有，家里的亲朋好友来的时候，从来都是把自己平时舍不得用的、舍不得吃的拿出来，临走还要满脸堆笑，给人家塞一堆带走，生怕落下半点不是遭人说闲话。如果偶尔听到点家长里短的讨论，那肯定是心里很长时间都解不开的疙瘩……

说完，她有点沮丧地低下头，像给自己小结一样说道："总之，就是我很怕别人不满意，但是这样久了，自己挺累的。"

听到这里，大家应该能够想象得出这个姑娘平时的样子了，说话小心谨慎，有一点战战兢兢，目光中也时常带着迎合和讨好。她就像是林黛玉初进贾府时候的状态：不敢行错一步路，不敢说错一句话，唯恐被人耻笑，连饭后漱口、吃茶也要有样学样，自己父亲教导的饭后务必过一时再吃茶的养生习惯，也不敢提了。

可是，你想不想知道，上面几个场景的背后，那些当事人却是怎么说的呢？

她的同事事后提及电梯里的场景，说："这个女孩子总是刻意地没话找话说，明明是点头之交，偏偏要问问这个关心那个，搞得挺尴尬的，交浅言深总是很别扭啊，尤其是在职场上。"

她的男朋友似乎也体察到了她这种心态，在苦口婆心解释了她几次莫须有的担心后，越来越觉得自己也放不开手脚了，干什么事都害怕她多想、自责、弥补、讨好，最近都快不知道怎么跟她相处了，干脆多加班，减少两人在一起的时间。

她的一些亲朋好友不但忽略她的迎合，还不把她的照顾放在心上，反而要求更多了。这个孩子放暑假要来一线城市看看，于是毫不客气挤进她的小房子；那个长辈生病住院了，自己孩子忙没时间照顾，要求她抽时间去照看。逢年过节的聚餐上，被挤到最旁边的，却是她。转过头，大家七嘴八舌的，该说啥说啥，似乎很难想起她曾经的付出。

这些累积起来，姑娘也终于觉得哪里不对了，她觉得自己的付出并没有得到等价的回报，甚至没有得到别人的尊重。

她感觉到了问题，却找不到答案。

你的价值决定了人际关系中的位置

我们如何在人际关系中，得到别人的尊重呢？

马斯洛在《动机与人格》中写道："最稳定和最健康的自尊是
建立在当之无愧的来自他人的尊敬之上，而不是建立在外在的名声、
声望以及无根据的奉承之上。"

当一个人的内在自我价值评估不足时，就会下意识去付出、迎
合，想以此来换取别人的尊重和感激。

我们以为放低姿态，委曲求全，别人就会认可；以为逢迎的夸
赞和热络，会拉近人和人之间的距离；以为在团队里必须合群，不
然就会被孤立排斥。

这个时候，我们特别在意的，是他人的看法。一个来自外界的
鼓励和肯定，就会让人觉得很有存在感；同样，别人的一个眼神、
一点评论、一些风言风语，就让你颇受伤害。

这个时候的我们，像一叶浮萍，漂浮在外界的波涛之上，自己
的认知是人微言轻，心中没有锚，没有定力，心情都是因为他人而
起起伏伏、高高低低。

可是当我们历经世事，通达人性后，才会明白：迎合讨好的取
悦，根本换不来尊重。反而由于人性中的一些灰暗，别人会更加轻
视你。因为你退则他进，很少有人能够把握好人与人之间"君子之
交"的尺度，不平衡的关系迟早翻车。

有一句话虽然戏谑，却很有道理——能够愉快玩耍的前提是，双方都要有掀桌子的能力和不掀桌子的涵养。合作伙伴如此，夫妻亦是。

决定人际关系的最底层原因是价值，而不是讨好取悦。

不卑不亢：自我定位和提升气质的法宝

成熟自信的人，会收起时刻堆笑的表情，会拒绝没有意义的无效社交，会注重真正的价值提供和对等，会不卑不亢地真实表达自我。

而正是因为如此，你说的话才更有分量，你给出的信息才更有价值。

此为"不卑"。

但是生活中，还有另外一类人，总是充满优越感，谁都看不上，站在各种制高点指点河山。这是与自卑、曲意逢迎截然相反的一个状态：自大和傲慢，是自信过了头的另一个极端。

自卑让自己不舒服，傲慢让别人不舒服。

"不亢"也是对人的修养有要求的。太过于炫耀、自夸，老是带着俯视感去看别人，总归让人觉得半瓶子水晃荡，生怕别人不知道自己厉害。时间久了，让旁人不舒服的多了，身边的人就少了。

所以凡事过犹不及，抛却冰火两重天的状态，还是不卑不亢能让别人舒服也让自己舒服。

首先，我们要对自己正确评估，既不妄自菲薄，也不要狂妄自大。每个人都有优点缺点，都有自己独特的价值和长处。因此在还没成功时，我们要看得起自己，在成功以后，要看得起别人。

其次，落落大方的谈吐，在基于心态的调整后，可以用行动积极来改善。

觉得自己需要更多自信的人，要用积极的行动表态，可以很大程度上获得有效的心理暗示。比如跟人交谈时，刻意培养自己的气场，用肯定的语气说话，适当直视对方的眼睛，敢于说出自我感受，不因为对方的一点眼神和话语，就被带离原有的状态，保持自我。这些都可以有效地提升自信心。

而建立自信后仍要保持谦逊，比如董卿在《开学第一课》上采访96岁的翻译家许渊冲。为了方便沟通，在三分钟的采访中，董卿三次单膝跪地，用仰视或平视的目光专注又耐心地倾听老爷子的分享，再细细转述给现场观众。

这一跪，不仅有宏观的道德，更有细节的温度。

这跟我们讲的刻意取悦有着本质性的区别。一个是谄媚讨好，一个是平等谦虚；一个是心有所藏，一个是坦坦荡荡；一个是曲意逢迎，一个是无欲则刚。看着是神情和谈吐的区别，其实是个人修养的天差地别。

八年前，有一次我跟着老板一起接待一位世界顶级的商业领袖。那时候我刚刚毕业，在这么重要的场合自然是如履薄冰。两位大佬在接待别墅的壁炉前落座后，相谈甚欢。我和翻译陪坐在旁，只能时刻紧盯着他们的茶杯，隔几分钟起身加一下茶水，生怕自己怠慢。

　　这时，我的老板按下我拿着的茶壶，回头笑着跟我说："小姜，你坐着听我们说就好了，要不卑不亢。"

　　就是这四个字，像一颗种子埋在了我心里，慢慢通过很多人和事，越发悟出了其中的人性和道理。如今时光荏苒，这深刻而长远地影响了我后续定位和气质的四个字，我再转赠给大家。

　　愿我们每一个人都落落大方，不卑不亢，怡然自得。

提升自身气质，
从打开内心格局开始

神情是气质的一个重要展现方式，一个人的气质，总是从她自己都没有注意的一个个不经意的瞬间流露出来。

有什么样的心境，就会产生什么样的情绪，进而显现为脸上的表情。而表情做得多了，就会留下实实在在的痕迹，凝固成面相。

很久之前，有一个雕塑家发现自己的相貌越来越丑陋。凶恶的神情总是把村里的小孩儿吓哭，看上去很可怕。

于是他遍访名医、吃各种药材，都没有效果，凶相依然毕露。

一个偶然的机会，他外出游历到一座庙宇，将苦衷向住持倾诉后，住持说自己有一个妙方可以帮雕塑家的相貌大大改善，不过有个条件——得先帮寺庙里雕塑几尊观音像。

雕塑家喜出望外，立刻答应了。

于是借住在寺庙里的三个月，雕塑家为了尽善尽美地完成住持交代的任务，不分昼夜地琢磨观音的德行言表，模拟其心境神情，几乎都快到了忘我的境界。

三个月后，观音塑像完成了，雕塑家跑到住持面前高高兴兴地讨要秘方。这时候住持说："我的秘方已经给你了，不信你自己去看看。"

雕塑家将信将疑地跑到水缸边，惊喜地发现出现在水中的倒影，是一个神清气朗、安详从容的自己。

于是雕塑家折回大殿里对住持千恩万谢，但是住持笑着摇摇头，说："其实是你自己治好了自己。"

这时雕塑家才恍然大悟，原来自己变丑是因为近两年一直在雕刻凶神恶煞的夜叉啊！

可见，要多和美好的事物接触，才会有美好的心境，才会面带高级美的神情。

如果把神情和心境对应起来，大家会发现有规律可循：

凡是在负面状态下，从心情到肌肉都是收缩、紧张和扭曲的。比如阴郁压抑的人，眉间会有抹不平的川字纹；容易生气暴怒的人，总是满脸戾气。

在积极或者平静的状态下，一股能量会像熨斗一样把你身体的每一个部分都抚平，让你变得安详从容。看看这些词语就知道了——眉开眼笑、神清气爽、通体舒泰……光是看到这些词语，人们都会觉得舒服。

因此，美好的神情是因为面部舒展。而面部舒展是源自眼界和格局的扩大。格局大了，海纳百川，人就淡定自如。

由此可见，带出高级感的一种精华神韵，就是淡定。

想改变自己的风度气质，拥有舒展从容的神情，从根本上要做的是提升内心的格局。

电影《一代宗师》里有句台词"见自己，见天地，见众生"，正好说明了人内心格局的三个境界。

"见自己"是第一个，也是最基础的格局。

这个格局需要我们看见自己真正的需求并接纳自己，同时把目光放长远，设定目标，去努力实现如何做自己。

一个大学刚毕业的女孩曾经怀揣着对美好生活的向往踏入了社会。可是日复一日的重复单调的工作，让她疲惫地往返于两点一线，世界仿佛也缩小得只剩下这方寸之地了。

终于有一天，在小摊吃早餐的时候，她因为老板的牛肉片给少了，根本没给足两块钱的分量而跟老板据理力争起来。争着争着，这个女孩突然蹲在地上号啕大哭。

老板慌了："我给你再加两块不就行了么，哭啥啊！"

女孩哽咽着回答："为了两块钱的牛肉跟人大吵一架，这不是我想要的人生！"

的确，一个妙龄女孩，因为一点琐事在大街上柳眉倒立、双手叉腰，跟人吵得面红耳赤，这根本不是女孩子要的人生啊。

固然生活不是容易的，20岁到30岁的女孩子们，从单纯的象牙塔来到大社会，在大城市中要立足，成家立业，这个过程要面对很多很多职场的压力、情感的问题、生活的变化。

有多少次，在大雨滂沱之下，你只担心给客户的方案是否还会被打回来，根本没有时间理会自己淋湿的头发；

或者那一个周末，你孤孤单单收拾着自己的行李，在这个城市里搬了第六次家；

　　有多少次，你曾站在万家灯火的夜里，憧憬着什么时候自己推门而入，会有一个肩膀依靠……

　　但是请你相信，这是一个过程，所有的付出都终将收获回报，生活从来都是在起起伏伏中不断向前。就像经济学教授薛兆丰在《奇葩说》里说，年轻人是只贫不穷。"贫"是当前没有多少钱，代表的仅是年轻人当前的财务状况，而"穷"则是没有希望。很多年轻人贫，只是因为还没有到达获取财富的年纪。

　　所以，请不要纠结于鸡毛蒜皮的琐事，不要斤斤计较于一些利害得失，不要止步于那些曾经的伤害，不要为已经犯下的失误痛心疾首，把心和脸蛋都揪成一团，以为这就是自己的人生了。

　　世界很大，值得我们热爱一生。

　　想拥有美丽的气质神情，唯有修心。只要气度格局大了，心就舒展了，脸才会舒展，眉眼才会带笑。

　　别的姑娘因为一句不好听的话气得三天睡不着觉，而你一笑带过。

　　有的人因为出租车师傅不熟悉路多绕了5块钱，碎碎念了一整晚，而你下车时说了一句："师傅刚来这个城市辛苦了，晚安！"

　　当有人得理不饶人，上纲上线地跟对方非要一点一滴"说清楚谁有理"，而你只点到为止时，你会发现那些市侩小人的表情，斤斤计较的纠结、痛苦、敏感，满脸戾气的神情，通通不会出现在你的脸上。

　　当你通透豁达了，身边的人一定会惊喜地发现你的变化。那舒展从容的神情，一定美好得如同初夏朝阳下盛放的荷花。

"见天地"是第二个，也是升级的格局。

这个格局要求我们，将自己的眼界放得更宽，关注到除自己以外的世界，对事物的发展做出自己的理性判断。

一个人只看得见自己，难免会作茧自缚。如果这时候，她从天地的宽度来看自我以外的世界，就会在感受到世界的壮丽、浩大之美的同时，发现自我是多么的渺小。

BBC纪录片《蓝色星球》为什么会那么震撼人心？

这部摄制时间长达四年的海洋生物纪录片，除了摄制组成员耗费巨大的人力物力，以及高科技呈现给观众的视觉奇观外，它展现出来的更多的是人类对海洋的未知与好奇。

当你看到这些占据整个地球70%的海域时，再想想自己，你就会发现世界很大，值得我们热爱一生。

"见众生"是第三个，也是最高级的格局。

这个格局是观世间百态后才有的。拥有这样格局的人，对人情世故有很高的敏锐度，对社会的历史和现状有很深刻的认识；也有极高的同理心，心怀悲悯，社会责任感重，"先天下之忧而忧，后天下之乐而乐"。他们会从献身社会中，找出更广阔的生命意义。

达到第三个格局很难，如同电影里的宫二，终其一生也未尝得愿。但这并不妨碍我们朝着这个目标努力。如今，很多成功人士，在事业到达巅峰的同时，转身回来做社会公益，并从中获得更大的人生价值感就是好例子。马云就说过："公益是治疗我们这个地球、治疗我们自己最好的良药，公益是最好的治愈剂。"

我们完全可以在自己力所能及的范围内，帮助其他需要的人。俗话说得好"赠人玫瑰，手有余香"，小小的善举，就像一颗颗善意的种子，一旦种在心里，终有一天会开出灿烂的花朵。

美丽的灵魂，
才是万里挑一

聪明是一种新的性感

2019年4月30日，美国国家科学院公布了新入选的院士名单，中国女科学家颜宁入选25名美国国家科学院外籍院士名单。

这位42岁的女科学家，头顶诸多光环：2015年获国际蛋白质学会"青年科学家奖""赛克勒国际生物物理奖"，2016年，入选《自然》杂志评选的"中国科学之星"，2017年接受美国普林斯顿大学邀请，受聘该校分子生物学系雪莉·蒂尔曼终身讲席教授的职位。

2009年以来，她以通讯作者身份在《自然》《科学》《细胞》三大期刊（业内简称为CNS）上发表科研论文19篇，其研究成果在2009和2012年被《科学》年度十大进展引用。

如果你见过颜宁或者关注了她的微博，一定会颠覆你所有对女科学家的想象——她穿着打扮时尚、谈吐幽默。2017年，颜宁以嘉宾的身份参加央视节目《开讲啦》。她一身红色上衣，踩着红色高跟鞋出场，不但让撒贝宁和现场观众大为惊艳，还强调了自己的独立一面，她不为悦己者容，而是为自己容。

不仅如此，网络上流传着很多她的金句：

"遵从内心，勇敢做你自己。"

"人生最大的公平，就是我们每个人都向死而生。"

"从事科学研究最幸福的就是自由感。"

"我喜欢自由的人生。"

"我不结婚，不欠谁一个解释。"

天蝎座的颜宁，聪明而敏锐，并且有着高远的理想。可以这么说，她很好地证明了美剧《生活大爆炸》男主角谢尔顿的一句台词："聪明是一种新的性感。"

"睡到自然醒"大概是如今习惯于996的人们最羡慕的作息了。颜宁做到了。她一直保持着睡到自然醒的状态，若无特殊情况，一般到中午才起床；晚饭后到凌晨三四点，才是她一个人的工作时间。

她在接受《人物》采访时就说："不值得过的人生就是那种不能睡到自然醒的人生。……我这个人其实特别害怕人多，特别害怕拥挤，特别害怕噪音，所以我很主动地选择了这么一个生活方式。"

颜宁在面对选择时，总是保持着清醒。自始至终，她都将自己的精力集中在自己感兴趣的部分，而非其他。

她很明白自己能力的"边界"，并认准一件事："我就单纯地、简单地做好科研就行。……你在某一个领域做得比绝大多数人都强，其实那种成就感就很强烈。"因此，她没有像一些科学家一样，一旦"功成名就"，就利用科研成果去开公司挣钱，而是坚守在自己的科研岗位上。

由此可见，当一个人的注意力都专注在思考、实战上时，没有空造一些虚头巴脑的声势去吓唬人；当一个灵魂真诚而具有那些美好的品质的时候，甚至无须心虚地用一堆名牌华服堆砌自己，自然而然能流露出高贵的气质，也一定收获到来自他人的尊敬和肯定。

美丽灵魂让你更美丽

很多人都知道诺贝尔奖，但是很少人听说过诺贝尔替代奖。

这个奖又被称为"正确生活方式奖"或"诺贝尔环境奖"，是为了表彰在环境和生态保护以及人类社会可持续发展方面做出杰出贡献的自然和人文、社会科学家而设立的。

从1980年成立至今，全世界70个国家中，只有174人获此殊荣。而中国女律师郭建梅因其多年来在女性权益保护法律援助领域的杰出贡献，从59个国家共142位入围人士中脱颖而出，成为2019年四名获奖者之一。

或许，你有疑惑，这位郭律师凭什么能够拿到这个只颁发给解决全球问题者的奖项？

要知道，这个在瑞典议会大厅属于中国的高光时刻，背后是郭建梅25年为维护女性权利和性别平等付出的不懈努力：

郭建梅1992年就参与起草了《中国妇女权益保障法》，还做了很多妇女权益相关的努力和研究。

她是中国第一位主要从事非营利性法律咨询的女律师，也是致力于保障妇女权益的重要律师之一。

她创立了一个中国公益律师网站，背后是由600多名律师组成的律师协会，他们的法律援助甚至触及中国最偏远地区。

她和维护妇女权利的活动人士共同努力，促使北京于2016年通过了一项打击家庭暴力的法律，为家暴受害者提供了新的法律依据（据2014年官方调查数据显示，有四分之一的中国家庭中存在男人打妻子的家暴现象）。

她和她的团队在过去的25年中，为12万名妇女提供了免费法律咨询，接手了超过4000起有关妇女权益和性别平等的诉讼案。

她支持妇女争取男女平等，同工同酬，抵制性骚扰或禁止妇女怀孕的聘用合同。

她帮助那些被剥夺土地所有权的农村妇女争取其权益。

她通过在案件中为女性发声，将"公益诉讼"一词传遍全国。

……

郭建梅，出生于20世纪60年代的北方某小县城，老家重男轻女思想很严重。她通过自己的努力，和对底层的同情心与正义感，如愿考上了北大法学系。又因为一次偶然的采访，34岁的她放弃了《中国律师》杂志社让人艳羡的工作，转行做公益律师。

"公益律师"四个字，听上去高大上，但是背后吃了多少苦，受了多少委屈，只有郭建梅自己知道。但是，为了自己肩上的社会责任，为了自己个人生命价值的最大化，为了回馈委托人的信任和感激，她一直坚持着这些善举，甚至坦言要干到70岁，直到干不动的那一天为止。

也许是职业的关系，你见到的郭建梅总是剪着一头利落的短发，穿着律师最常见的西装套装。但是她的眼睛黑白分明，会让你想起夜路上静静伫立在那里的一盏明灯，有着安慰人心的力量；她也爱笑，一笑就露出超过八颗的牙齿，却也难掩饰眼尾泄露出来的常年思考留下的智慧的痕迹……

她的美，带着庄严，带着博爱，带着自我价值实现的快乐。

这种美，在她的灵魂深处打了一束高光，使得你远远见到她，都能感受到她的不同凡响。

这就像一个循环，善行让你的灵魂之美展露人间；相由心生，灵魂之美又促使了你面貌的纯真，正如卢梭说的："善良的行为有一种好处，就是使人的灵魂变得高尚了，并且使他可以做出更美好的行为。"

生活的历练，
让你的气质更完美

可可·香奈儿曾说过："20岁的脸是天生的，30岁的脸是生活雕刻的，而50岁的脸，是自己选择的。"

人生越厚，气质越浓。

这一点在快90岁却然活跃在世界T台上的美国超模卡门·戴尔·奥利菲斯身上彰显无遗。

奥利菲斯于1931年6月3日在纽约出生，是一名意大利和匈牙利的混血儿，14岁登上*Vogue*的封面，开始了她的模特生涯，并一发不可收拾。她多次与殿堂级摄影师合作，其担任时尚杂志封面和大牌化妆品的广告模特次数让很多超模望尘莫及。2013年1月，82岁的她在巴黎时装周作为压轴模特出场，其创造的世界纪录至今没人能破。

她以一头耀眼的银发、深邃而极具魅力的眼神，积累的人生阅历和丰富舞台经验铸就的独一无二的气场，叱咤T台，令人过目难忘。

这些年，很多人和媒体喜欢用"冻龄"来形容面貌维持姣好的大龄女性，甚至觉得上天不公，以至于岁月没有在她们身上留下什么痕迹。其实，恰恰相反，正是岁月和生活，给她们的人生阅历增添了别人无可匹敌的财富，让她们活得通透且富有层次，才具备了岁月也抹不掉的高级气质。

就我而言，我觉得气质有个简单的公式：气质=看过的书+走过的路+经历过的人。

看过的书

腹有诗书气自华。

三毛在《关于读书》里说："读书多了，容颜自然改变。许多时候，自己可能以为许多看过的书籍都成过眼烟云，不复记忆，其实它们仍是潜在的。在气质里，在谈吐上，在胸襟的无涯。当然也可能显露在生活和文字中。"

每一本书，少则几万字，多则几十万字，虽然不是每一本都值得奉为圭臬，但却都是作者的心血和思想。一本书下来，即使是一两句话对你有所帮助和启发，就已经值回书价。

更何况，真正经典的书籍，那些历史长河之中闪烁着耀眼思想光芒的著作，文学、历史、人文、艺术、自然、科学等，犹如满天繁星散落在璀璨的银河，这些真正的人类宝藏，我们又挖掘过几颗呢？

很多人都知道看书有好处，但真正能静下心来看书的人太少了。于是樊登从中看到了巨大的商机：既然大家都没耐心或者没时间看书，不如我来看完之后说给你听，听比较容易接受吧，那我就做一个解读者，带着大伙读书。

这样就有了樊登读书会，如今樊登读书会在全国已经有600多万的会员了。

全民阅读真是件大好事，但是带着一贯的审辨思维，这里有三点别样的看法提供给大家，让我们学会花最少的时间，读最值得的书籍，收获最真实有用的知识：

1. 只读最经典的、一流的、真正的巨擘著作；

2. 开卷未必有益，读书就要偏科；

3. 审辨思维下，从书籍中提炼出来的精华，要用行动来验证践行。

"吾生也有涯，而知也无涯。以有涯随无涯，殆已。已而为知者，殆而已矣。"《庄子》在两千多年前就已经告诉过我们，生命有所尽头，而知识没有边际，以有限的生命追求无尽的浩瀚书海，只能是失败的。

这还是千年以前，一捆竹简只能写下几百字的年代。如今信息时代，古今中外的书籍加起来，确实已经信息量爆炸了。

因此，我们在选择书籍的时候，并不是开卷有益、来者不拒，反而更要小心翼翼，挑选真正一流的书籍来读。

生命有限，浪费时间就等于谋财害命。

现在是一个专而精的时代，博览群书固然是好的，但是能做到"广博"与"精深"兼顾的天才没有几个。

在有限的时间、精力下，如何能够达成读书最佳的效果呢？就是找到一个领域，深钻下去，把它打造成自己的最长板。有的人喜欢研究历史，对各种人物命运深深着迷；有的人喜欢自然科学，生物地理门门精；还有的人沉醉于文学，诗词歌赋信手拈来。

不同的人，其实适合读不同的书。只有自己真正感兴趣的，才能钻研进去和坚持下去。

世间万物，息息相通，条条大路通罗马，钻研到最深处，殊途同归。

这也是我倡导的"长板理论"——不要试图去补自己的短板，而是应该集中所有时间、精力，把自己的最长项打造到无可替代，你一定会成功！

纸上得来终觉浅，绝知此事要躬行。

读书最终还是为了"知行合一"，要从生活中来，最终还是回到生活中去。因此在阅读的过程中，我们要带着审辨思维，边读边思考，跟自己的生活结合。

读书重要，提炼吸收的能力更重要。新东方联合创始人王强说："当你放开书本，去走进人生、看世界的时候，要看能不能把你从书本上读到的东西在实际生活中运用。如果不能，那这个阅读对你一点意义都没有。"

我们读过的书，除非是工具类书籍，大家很少会翻出来再读。即使是非常好的、让人流连忘返的书籍，再次重读的时间可能都已经是相隔几年。

但是人的记忆曲线意味着很快遗忘。这么好的东西，又花时间学习了，过一段时间就忘掉了，多可惜。

所以大家可以养成一个小习惯，把全书的最重要的、跟自己真实生活最相关的、对自己最有启发的点做成笔记，最好是逻辑脑图的形式，一目了然。放在手机里或者记在一个随身小笔记本里，经常翻一翻。

这些跟你息息相关的领悟，才能如春风化雨般点点滴滴融入日常生活，才真正达到了读书的最高境界——知行合一。

走过的路

曾经电商小店"步履不停"，因为店主写了这样一段文案而火爆全网：当你在写PPT时，阿拉斯加的鳕鱼正跃出水面；当你在看报表时，梅里雪山的金丝猴刚好爬上树尖；你挤进地铁时，西藏的山鹰盘旋云端；你在会议中争吵时，尼泊尔的背包客端起酒杯坐在火堆旁。有一些高跟鞋走不到的路，有一些喷着香水闻不到的空气，有一些在写字楼里永远遇不到的人。

当我们走出去才发现，外面有不一样的世界，不一样的你。

世界广阔，值得好好去经历一番诗和远方。而正是因为这些远方，我们才会发现原来生活可以有很多种活法，原来有一些事情和人，没有想象中的那么重要。

在生活里，有一个有趣的现象：喜欢研究地图的人，往往有着好奇心和大格局。

小小一张地图，却蕴含着巨大无比的信息量，里面有城市、区域、国家、大洲和大洋。

从各种自然地图、人文地图、卫星云图中，我们可以看到自然地形、经济发展、人口分布、气候条件等包罗万象的信息。

常人看问题总是本能地从自我角度出发，就如同坐井观天似的只能看到自己头顶的一片天。而看地图的人，却像开启了一个上帝视角一样。

他们能够看到各个地区、各个城市、各个区域之间的对比、关联等。万千世界的这些表象的背后，其实都是息息相关、互相影响的。它们之间有着非常严谨的、互相影响的链条和逻辑。

一张地图就像一个宝藏一样，包含着许许多多的未知领域和内容。也正是因为它的博大精深和神秘，引得这些好奇的人们相继去钻研。

喜欢研究地图的人往往胸怀天下，心中自有丘壑，同时心中的那一分好奇，也支持着他们向未知的世界不断的探索。

用脚步丈量过的土地，进一步赋予了他们更加丰富、更高纬度的眼光和看问题的视角。

阿兰·德波顿在《旅行的艺术》一书中这样写道："如果生活的意义在于追求幸福，那么，除却旅行，很少有别的行为能呈现这一追求过程中的热情和矛盾。"

读万卷书，行万里路。身体和灵魂总有一个在路上。

作为美国总统特朗普的千金，伊万卡从小就被父母灌输了这样一个理念：旅行，是教育的重要环节。所以，她自小就在母亲的陪伴下踏上了环游世界的征程，并且得到了父亲的大力支持。

她从来不把旅行看作是单纯的逃避、松懈和享乐，而是在让自己身心得到放松的同时，学会用另一种角度、另一种思维模式去看待问题。这比让身心得到放松重要多了。

在环游世界的过程中，她真正建立起了全球化的视角，并且坚信这些经验一定会给她带来丰厚的回报。她说："在旅行中，我们都必须和别人，甚至完全陌生的人打交道。也许大家在语言、文化、生活习惯和思维模式等方面都彻底不同，想要取得顺畅的沟通，我们就必须从旧有的世界中走出来，融入新的世界中去。这个过程将极大程度地提高我们的社交能力。"

经历过的人

世界时装日本浪潮的设计师和新掌门人山本耀司曾说过："'时尚'不会让你变得性感，你的'经历'和'想象力'才能让你变得性感。而要想得到这些性感没有别的捷径，唯一的方法就是你得好好生活。"

人的生活里总会出现很多形形色色的人，有一些擦肩而过，有一些留下了或深或浅的印迹，有一些则跟我们的生命深深地融合在了一起。

有一些女人，似乎特别好运，总是遇到能帮扶自己的人，生活平平顺顺，一路向上；

有一些女人，总是出现各种状况，遇人不淑，伤痕累累；

有一些女人，结婚生子后似乎越过越不讲究，满脸疲惫，只能感叹岁月无情，在自己身上只留下了琐碎平庸；

还有一些女人，时光对她格外温柔，年纪越长气质越好，淡定从容，眼眸里都透出岁月沉淀过后的睿智和情怀。

殊不知，对女人影响最大的还是现实的生活，也就是经历过的人。

有一句话说，30岁后一个人过得好不好，只要看她的脸就知道了。

因此，一定要跟正能量、能互相滋养的人在一起，不要跟低俗愚昧的人相处，也不要小瞧那些消耗型人格的人，他们会耗尽你生命的能量。

"近朱者赤，近墨者黑。"对于自己生命中的人的选择，一定要慎之又慎，这不是像选一件商品，买错了大不了就不用。一个人进入你的生活后，有可能对你产生的是颠覆性的影响，一个错误有时候要用几年甚至一辈子来买单。

除了懵懵懂懂的孩童时期，长大成人后的我们，对于谁能在我们生命中停留其实是拥有选择权的。因此，我们一定要选择那些对我们有积极影响的人，把时间都"耗费"在美好的人身上。

因此，我们要努力让自己变得更强大、更优秀，去接触人格和精神更加正能量的人。

我们看过的书、走过的路、经历过的人，有时候并不一定会有立竿见影的效果，但请相信，这些事物和人的影响终究会沉淀下来，成为你的气质，在将来的时光里，也终究会回馈到自己的身上。

第三章

摆脱情绪化标签，
女人越理性活得越高级

别让情绪泛滥成灾，
重构精英人生的底层逻辑

结合很多统计来看，幸福生活的必然要素，排在前面的除了健康之外，情感、工作、自由、子女等，其实都跟我们的情绪和人际关系相关，所以在情绪和人际关系方面，我们要有正确的认知和正确的处理方法，这也是我们去处理和发展更多关系的基石。

幸福的重要来源是健康。而情绪状态或者说心理状态，是影响健康的重要的因素之一。

临床上，由于情志刺激引起的疾病早已取代传染病和营养不良性疾病占据了疾病谱的前列，成为危害人类健康的主要原因。据统计，在许多发达国家综合医院的住院及门诊患者中，约有2/3为情志疾病，而单纯的躯体性疾病只占1/3。

中国也有句古话叫"人逢喜事精神爽"，即一个人的精神状态好的时候，心理能量足够强的时候，他的抵抗能力、免疫能力都会提高，就不会有那么多疾病的产生。这一点也是在临床医学上得到证实的。

在这里，重点不是强调要用一种很强硬的、军事化的或者理论基础的东西去对情绪加以管理。我们应该构建一种新的和情绪之间的关系，让情绪能够成为我们一个更好的部分，用一种柔性的女性特有的视角来看待我们的内心和情绪。对待情绪，摒弃严格控制和消除清理的方式，用一种更加柔性的方法去面对它。

在正式进入情绪之前，我们通过一份报告来看一看情绪管理对人生底层逻辑的重要性。

我是一个很喜欢在路上的人。在我国的大西北，新疆、甘肃、整个丝绸之路，西南地区包括西藏、四川、云南、贵州，我基本上都走遍了。我第一次去西藏的时候，还跟着国家登山队的教练爬上了海拔5200米珠穆朗玛峰的大本营。

2018年，我又再次去了拉萨，也去了布达拉宫。这次我更深入地了解了"慈悲""智慧""力量"三个词背后所代表的含义。当时我就想，如果让大家给这三种特质排序的话，大家会怎么排呢？

在看过了很多真实的、失败的女性生活案例以后，我想说："女性遇到人生瓶颈的根本原因是她们将整个人生逻辑本末倒置。"

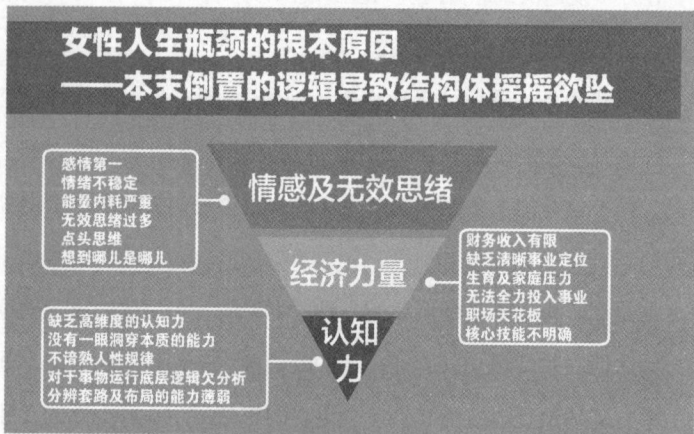

女性人生瓶颈的根本原因
——本末倒置的逻辑导致结构体摇摇欲坠

感情第一
情绪不稳定
能量内耗严重
无效思绪过多
点头思维
想到哪儿是哪儿

情感及无效思绪

经济力量

认知力

财务收入有限
缺乏清晰事业定位
生育及家庭压力
无法全力投入事业
职场天花板
核心技能不明确

缺乏高维度的认知力
没有一眼洞穿本质的能力
不谙熟人性规律
对于事物运行底层逻辑欠分析
分辨套路及布局的能力薄弱

上面这个图片里是一个倒三角形，也就是说如果现实生活中，把这样一个倒锥体放在桌面上，它是摇摇欲坠、立不起来的。

现在女性的生活中占据了大家最多时间精力的是情感及无效的思绪，也就是说感情和情绪的不稳定，会让能量的内耗非常严重。

什么叫能量的内耗？

打个比方，你想做某件事情，但是身体里面有两个小人在打架。一个说："赶紧去吧，我觉得你可以试一试。"另一个却说："不行的，我觉得你能力不够，你不要去试了，浪费时间，然后又要被人看笑话，多不好。"你想往东的时候它想往西，你想往南的时候它想往北。等这两个小人打完架以后，你所有的能量都被耗完了，时间也过去了，最终这个事情还是不了了之，这就叫能量的内耗。

还有无效的思绪过多。意思是本来一件事情很简单，做完了步骤1和步骤2以后，步骤3自然就可以水到渠成地完成。但是在做步骤3之前，你可能会考虑之后的很多步骤，而它们对于步骤3的完成并无任何帮助，这就叫无效的思绪。

这就是最上面的部分，情感及无效思绪太多。

中间这一部分代表着经济力量。在现实生活中，大部分女性的经济力量是不足够的。比如，大家都会觉得自己财务收入有限，缺乏一个非常清晰的事业定位，生育和家庭的压力也让你没有办法全心全意地去投入事业，职场也存在天花板。比如，能力、核心技能标签都不明确，这一切都阻碍了事业的发展，从而影响了你的财务收入。

最下面的部分代表认知力，是现实生活中大家普遍比较缺乏的一块。

认知能力不足，是说一件事情背后的含义可能有很多，但是通常很多女生只能看到浮出水面上的1和2，最多能想到3，就想不到后面的原因是什么了，没有一眼洞穿本质的能力。然而，这却是一个人的核心能力。

认知能力分为很多方面，其中就包括对人性规律的谙熟。比如说贪、嗔、痴、慢、疑，这些弱点是人性；而善良、正直、勇敢，这些闪耀着光辉的，也是人性。人之初，其实并没有性本善，也没有性本恶。人性有好也有坏，有光芒也有阴影，兼容并包，因势利导，才是解读人性的正确方式。

如果对人性没有深刻的认知，就意味着我们做什么事情、跟任何人相处都会碰壁。

所以这个倒着的，摇摇欲坠快要倒掉的三角形，代表着：当我们的认知力不足的时候，会导致经济力量的缺乏，而经济力量的缺乏会让我们的情感无所依靠，让我们的无效思绪或者是能量内耗越来越多。

那么应该怎么办呢？

打碎，重构。

我们一起来看一看精英女性人生的三大底层逻辑，把刚才的那个倒的三角形摆正，重新把它的顺序捋一下。我们来看一看如果是一个正三角形，各自的占比和分配应该是什么样子的。

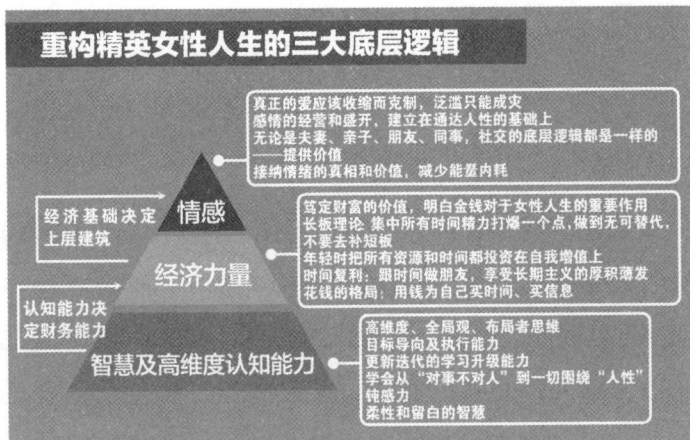

重构精英女性人生的三大底层逻辑

真正的爱应该收缩而克制，泛滥只能成灾
感情的经营和盛开，建立在通达人性的基础上
无论是夫妻、亲子、朋友、同事，社交的底层逻辑都是一样的——提供价值
接纳情绪的真相和价值，减少能量内耗

情感

经济基础决定上层建筑

经济力量

笃定财富的价值，明白金钱对于女性人生的重要作用
长板理论：集中所有时间精力打爆一个点，做到无可替代，不要去补短板
年轻时把所有资源和时间都投资在自我增值上
时间复利：跟时间做朋友，享受长期主义的厚积薄发
花钱的格局：用钱为自己买时间、买信息

认知能力决定财务能力

智慧及高维度认知能力

高维度、全局观、布局者思维
目标导向及执行力能力
更新迭代的学习升级能力
学会从"对事不对人"到一切围绕"人性"
钝感力
柔性和留白的智慧

在这个金字塔的最底层，是智慧及高纬度的认知能力，它是支撑我们人生的有力基石。

当我们站在一楼的时候，只能看到外面的车水马龙。当站在五楼的时候，就可以看到一公里外的景色。原来除了这条街之外，在一公里之外还有一个公园，穿过拥挤的人潮，还可以去到更美丽的地方。当我们站在三十楼的时候，可以看到整个城市。只有在认知力的楼梯上爬得越高，才能看到更远的风景。

智慧和认知里，除了知识，还有很多是"软性"的，例如情商、人性、为人处世的智慧。

经常听到有人讲："我这个人说话直，但你不要生气，我就是对事不对人。"可是我们试想一下，那些或刻薄或赤裸裸的语言说出口以后，对方会不会生气？他肯定会觉得不舒服，本能就会抵触的。

没有什么"刀子嘴豆腐心"，总是说出伤人恶语的人的心一定是坚硬的。她不在乎语言暴力对人的伤害。为什么那么多孩子长大以后，与原生家庭之间的隔阂越来越深。因为很多父母满嘴是爱，却面目狰狞。幼小的心灵，感受不到"这一切都是为了你"的温暖，却留下一辈子都难以愈合的伤痕。

人就是这样一种有互动和感知的生物，当我们学会了说话做事多站在人性角度上去为对方考虑，以最终的效果为导向，而不是以随心所欲为导向时，就会发现自己已经开启了一扇新的世界的大门。

在智慧和高纬度的认知里面，还有一些核心能力，比如目标导向、执行力和更新迭代的学习能力，它们决定了我们的财务能力。

认知能力是底层的，逻辑思维也是底层的。当我们拥有对人性的全局观之后，才可能把这些应用在人际关系、工作和项目上。

认识能力决定了财务能力，而经济力量决定了上层建筑的精神世界。

在中间的是经济力量，它是我们架构人生的中坚力量。财富对于女性人生和独立具有无可替代的意义。

在夯实经济力量的过程中，要践行长板理论。

以前我们听过短板理论，是说一个木桶，它最短的那块板会决定它能装多少水，多了都会从缺口漏出去，因此人应该补自己的短板。

但这个理论在我们真实的赚钱或者工作的场景中是不适用的，我们无法面面俱到，什么事情都做得完美。我们必须集中所有时间、精力去钻研一个点，把自己最擅长的东西做精做透，做到无可替代，不要去补短板。

力出一孔，则利出一孔。

在年轻的时候，要把资源和时间全部都投在自我增值上面。去享受时间的复利，坚持一个方向、一件事情，把一个小事做精做透做好，坚持下去，去享受长期的红利。

有些人耍小聪明，只看短时间的利益，今天做这个产品，明天做那个产品，后天换那个服务，几十年下来一样都做不精，一样都做不好。其实大家都知道，真正的钱都是留给行内的人赚的，所以一定要记住这句话：有沉淀才能厚积薄发。

然后还要有一个花钱的格局，要学会为自己的价值或者升值去付费，去买时间、买信息，把学习作为一个终身成长的事情。

金字塔最上层，占比最少的部分，才是情绪和情感。

我们听过一句话："喜欢是放肆，爱就是克制。"

情绪和情感应该是女性人生中最值得珍惜和保留的一部分，所以要成熟而理智，不能任由感性无限扩张，占据我们生活的绝大部分。

那些过多的情绪和感情，会成为女性人生的绊脚石——情绪内耗、无效思绪、敏感多虑、理不清。

只有建立在智慧、高纬度的认知能力以及经济力量基础上的情感和人际关系，才是能够被自己牢牢把握住和经营好的。只有拥有了通透豁达的思维、一定经济力量之后，情感和人际才真实可靠，不然就算遇到了也经营不好。

　　拥有智慧的爱，才能长久；带有力量的爱，才会被人好好珍惜。

　　所以从今天开始，让我们重构一下人生的顺序：智慧、力量和爱。

倾听内在的声音，
与自己达成和解

　　每个人在自己的生活里都会遇到一些困难和挫折，有一部分是客观外在的原因，而很多困境的起因，其实更在我们自身的深处。

　　其实，在呱呱坠地时，我们的人格并不健全，刚一出生的时候，只有本我。就是潜意识的部分，跟着我们一起到这个世界。接下来，后天会养成我们的超我、本我和自我，三个部分完整地组合起来，才是一个完整的人格。

　　浮在水面上的是自我，是你的表象，是别人能看得到的日常的你；

　　本我是原始的你，是你的潜意识，它是完全在水面之下，平常察觉不到它的存在。而本我是个魔鬼，它会让你一直去享乐，完全沉浸在欲望之中，不要努力了，告诉你这个事情非常的困难，很难完成之类的。

　　超我则是道德完美的你，是天使，就是通过后天的环境、人、事、物带给我们的信息养成的自己。它会去规范你，去约束你，促使你往好的方向去走。由于它的完美，你平时也不介意展露出一部分。

　　超我跟本我这两部分就是一个相互对抗的过程。自我就很像凡间的一个凡人，它被天使和恶魔不断影响着，不停思考着应该往左还是往右，应该是要努力还是得过且过，反反复复地被影响着。

这个也可以说是情绪内耗的一个过程。人为什么活着会这么累，就是因为很难平衡这三个部分。

多数人对自我的了解，一般仅限于"行为"和"感受"：我感觉这个事情太难了还是放弃吧；我很抗拒别人走进我的生活，哪怕多问都是一种冒犯；我特别反感孩子不听话，总控制不住想要吼他……

但是在感受和行为表象下方，有着90%的内在原因促使我们这样想、这样做。如果想从根本上改变自我、突破自我，只有一个办法，深挖下去，找到根源，倾听自己内在的声音。

这90%的冰山之所以形成，其中很重要的一个部分，就是来自原生家庭的影响。

有一位妈妈带孩子去滑雪，开车两个小时，到了滑雪目的地之后，孩子忽然说他忘带滑雪镜了。

高山上滑雪，雪地是白色的，反射阳光很刺眼，一定要戴滑雪镜才能保护好眼睛。妈妈在出发前提醒过孩子很多次，没想到还是忘带了，心里难免憋着火，但是不戴又不行，只好移步到柜台前买一副新的。

结果去了一看，外面卖几十块的滑雪镜，景点居然至少一两百起，顿时火冒三丈，头脑中一下子响起了一个声音："出来玩就是浪费钱！人又多、东西又贵，为什么不在家舒舒服服待着呢？真是花钱买罪受!"

　　这句话实在是太熟悉了，所以从脑海里一蹦出来的时候立刻就惊到了这位妈妈。这是她爸爸妈妈的原话! 虽然已经没和他们在一起生活很多年了，可是遇到这样的事情的时候，她的头脑中第一时间响起的还是爸爸妈妈的声音。

　　小时候家里条件不好，每次要出门或者游玩，父母都用这个理由拒绝。于是小小的她慢慢地不单接受了这个解释，更加把这个观念直接内化了。所以哪怕长大了，哪怕自己经济条件好了，这个观念仍然会像心魔一般在每个不经意的关头冒出来，以至很长的时间内，她都是小心翼翼地克制着自己，不敢出行，不敢花钱，不敢体验。

　　想到这里，这位妈妈站在原地默默内省了一番，决定为孩子买一副新的滑雪镜。既然已经花了上千元的门票和住宿，为什么要因为一副眼镜破坏全家原本美好的一次旅行呢？

　　原生家庭之所以容易对人造成影响，是因为从0岁到7岁，正是孩子快速学习面对周遭的人、事、物的时候，而这段时间基本是孩子与家人相处的时间最长，自然对人的影响也是最大的。

　　这时候，孩子还不会分辨好坏。家人带给你的，你看到听到的，都会全盘吸收进来，成为自己的潜意识。

　　越是不记事的时候，这种潜移默化越深远，大量重复的环境和信息会内化成一种类似信念的东西。即使长大了，内心也会一直执着下去。

　　小时候接受到什么样的信念，长大后的人格就会受到什么样的影响。长大之后进入社会，跟周遭的人的关系、跟父母的关系、亲子之间的关系、夫妻之间的关系如果出现一些问题，基本都是信念和价值观的冲突。

　　原生家庭教导我们的是什么，如果不是在有意识地引导之下，细细回忆，可能很难被全面地想起来，它们都早已内化成了我们的潜意识。

　　如果不去深刻了解和解读内在的自己，我们就没有办法真正了解心底的声音，也更加不了解自己的另一半或者沟通的对象，无法了解到他的原生家庭是如何教育和影响他的。一旦沟通相处上出现困难，就会产生分歧。

　　个体心理学创始人阿德勒曾有这样一句话："幸运的人一生都在被童年治愈，不幸的人一生都在治愈童年。"

　　因此，当遇到困境，先深入地了解自己，倾听内在的声音，去接纳，再解决。

了解情绪的真相，
别让情绪主宰你的命运

　　情绪的种类有多少呢？如果把情绪分成用X轴和Y轴四个象限来划分的话，Y轴的最上方是能量高的情绪和情感，越往下能量就会越低；往X轴的左边是负面的感受，往X轴的右边是一些正向的感受。我们用这四个维度去把情绪划分，一项一项来看。

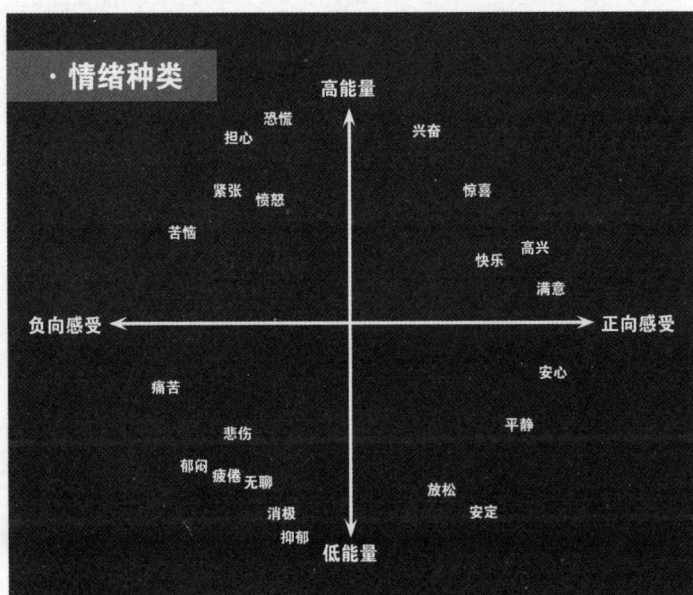

· 情绪种类

高能量

恐慌
担心　　　　　　兴奋
紧张　愤怒　　　惊喜
苦恼　　　　　快乐　高兴
　　　　　　　　　满意

负向感受 ←——————————————→ 正向感受

　　　　　　　　　　安心
痛苦　　　　　　　平静
悲伤
郁闷　疲倦　无聊
　　　　　　放松
　　　消极　安定
　　　抑郁

低能量

在正向的感受里面，分成高能量和低能量两种。

正向又高能量的情绪有兴奋、惊喜、高兴、快乐、满意，这些情绪会让你觉得非常正面，同时它的能量等级又很高，就会让人觉得很兴奋。

如果同样是正向的感受，但相对来说能量等级要低一些，那它就会从一个很兴奋很亢奋的状态，逐渐转为平静，比如安心、平静、放松、安定。

这一些也是非常好的，因为人不可能永远处于能量很高的状态。就比如说我们不可能总是在奔跑或者在运动，那样能量会耗尽会很累。所以把这两类的情绪一对比，你会发现上面高能量的这一部分，其实它持续的时间都很短。

如果我们放在时间轴来看，想一下你的生活里面觉得非常惊喜、非常兴奋、非常高兴的这些时间，总的来说它们的时间占比是很少的。

负向感受又高能量的状态有恐慌、愤怒、担心、紧张、苦恼，这些都是属于高能量的负向感受。这类感受其实是糟糕的情绪，因为它们会在很短的时间内让你有非常强烈的爆发性的负向情绪。

在很短的时间内，比如说发了一场脾气，跟人大吵了一架，歇斯底里发泄了一通，你会觉得好像跑了个马拉松一样，整个身体还有精神仿佛被掏空了。虽然坐在那儿没有运动，但是你感到非常疲惫。

同样是负向的感受，但是能量低一点的时候，是什么样的状态呢？我们依次来排列，越往后面情绪和能量就越低。首先来说痛苦，痛苦这个能量还是比较高的，因为它是比较激烈的一个状态，然后是悲伤、郁闷、疲倦、无聊、消极、抑郁。

以上是情绪的种类，越高能量的情绪持续时间越短，如果时间长了就像范进中举，刺激太强烈时间太长，人的心智系统受不了，会崩溃。

这就是所谓的"过犹不及"。

那么情绪是怎样产生的呢？

大家有没有发现一点，就是同样的一件事情，不同的人感受是不一样的，所产生的情绪也是不一样的。在这个世界上其实并不存在真正100%的感同身受。

在职场中，跟同事或者是同一个团队里面的人起冲突的时候，你作为当事人可能委屈得不行，去跟领导诉说的时候眼泪都掉下来了。但是你发现领导很淡定，他说："好，知道了，这件事情我调查一下，我来处理。你先回去冷静冷静，回头我再找你。"

这个时候，你把眼泪抹一抹，走出领导的办公室。你会想，我这么委屈，为什么领导没有像我一样也掉眼泪呢？

这就涉及情绪产生的生理机制了。

生活需要高级感

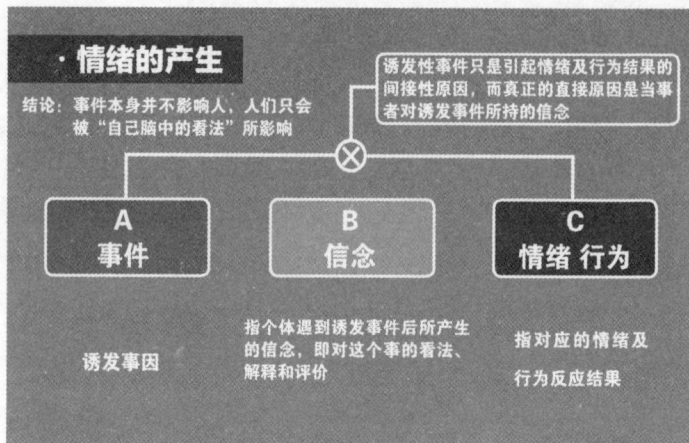

我们看一看上图。A是事件，也就是触发和引发我们产生一些情绪和想法的导火索，通常我们会觉得碰到了这样的事情，从A直接到C就会产生相应的情绪和行为。

其实不是这样的，中间的部分是信念。也就是说当我们遇到诱发性的事件以后，正是因为我们脑海中根深蒂固的信念，对这个事情整体的解释和评价诱发了情绪和行为，所有的一切在我们脑中都是被加工过的。

网络上曾经流传一对情侣因为一件事情而写的日记。

女孩的日记是这样写的：

昨天晚上他真的是非常奇怪，我们约了好朋友一起吃晚餐，但是因为昨天我去逛街了，晚上就迟到了一小会儿，可是他看上去很不高兴，一直无精打采。很长一段时间他都心不在焉的，对我爱搭不理，所以我就开始主动让步了，我说咱们好好聊一聊吧，他同意了，但是依旧是漫不经心的。

我开始紧张了，他不会真的生我的气了吧。我问他，他只是说这不关我的事。然后回到家里以后，我都觉得我快要失去他了，因为他已经完全不想理我了，他只是坐在那里闷头看电视，后来我就只好自己上床去睡觉了，十分钟后他才爬上床。

我发现他的心思根本就不在我的身上，我决定要好好地跟他谈一谈，可是他竟然已经睡着了。

那个时候我只能默默地流泪，哭着睡着了。我现在非常确定，他在外面一定有别的事情瞒着我，我感觉天都要塌下来，我真的不知道如何活下去了！

然而，在这个男生的日记里，居然只写了一句话：

今天意大利队又输了！

因为我们是从上帝视角来看这个故事的，所以很快就明白男孩女孩都在想什么。

所谓上帝视角，就像我们看电影的时候，因为从头看到尾，可以看到每一个角色以及他的表现，所以知道一切是怎么发生的，它的源头是什么，最后的结局是什么。

但是在生活中，很多时候我们只能看到一件事情或者一个人的行为言语最表层的一面。我们会根据这一面，通过我们脑袋中信息的加工，然后就会产生自己的想法和情绪，但是这绝对不是原貌。

随着人生阅历的增加，我们对人性的理解以及对情绪管理能力的不断提高，逐渐不会因为一件小事就直接触发极端情绪，而是会经过一些成熟的思考和加工。

所以当某一件事情或者某一个人触及我们原有系统的情绪，而这个情绪又倒向负面的时候，我们需要对这种情绪进行重构，这也是有效的情绪调节的策略之一。

这，就是情绪的真相。只有在了解情绪的真相之后，我们才能真正做到不让负面情绪影响我们正常的生活，才能让我们的命运掌控在自己的手中。

懂得管控情绪的女性，
才是真正的人生赢家

　　情绪是在我们的价值观评判体系上产生的，不同的人遇到同一个诱发事件，感受和情绪会截然不同。

　　我们做情绪管理的核心秘籍就是，要改变自我意识的底层认知，用大脑的这种信念和意识加工出一个积极的结果，这就是所谓的境由心生。

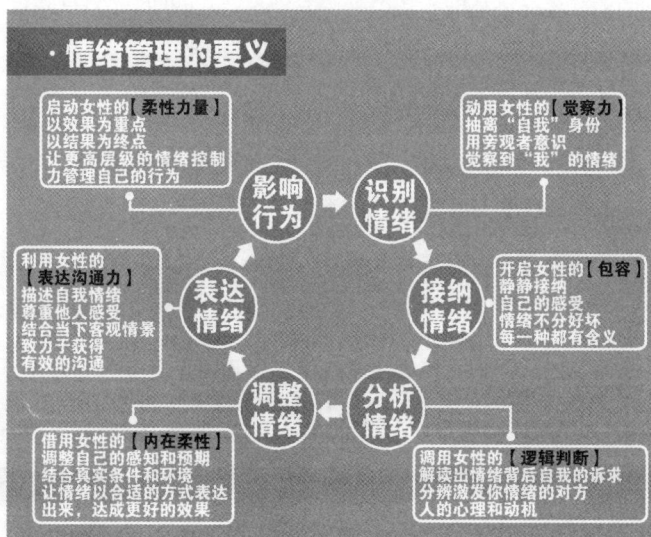

·情绪管理的要义

启动女性的【柔性力量】
以效果为重点
以结果为终点
让更高层级的情绪控制
力管理自己的行为

动用女性的【觉察力】
抽离"自我"身份
用旁观者意识
觉察到"我"的情绪

利用女性的
【表达沟通力】
描述自我情绪
尊重他人感受
结合当下客观情景
致力于获得
有效的沟通

开启女性的【包容】
静静接纳
自己的感受
情绪不分好坏
每一种都有含义

借用女性的【内在柔性】
调整自己的感知和预期
结合真实条件和环境
让情绪以合适的方式表达
出来，达成更好的效果

调用女性的【逻辑判断】
解读出情绪背后自我的诉求
分辨激发你情绪的对方
人的心理和动机

影响行为 → 识别情绪 → 接纳情绪 → 分析情绪 → 调整情绪 → 表达情绪

在情绪管理的要义里面，分成六个步骤，这个步骤是环环相扣的：识别情绪—接纳情绪—分析情绪—调整情绪—表达情绪—影响行为。

识别、接纳、分析情绪

相比起技能性的、工具性的学习，比如外语、数学等，在人生的最初阶段，六七岁之前，培养孩子的感知能力、表达能力、沟通能力更重要。

这是漫漫人生路上不可动摇的基石。

我给我家小九买过一本儿童情绪管理和性格培养的绘本，是美国心理学会官方授权的。在网上偶然浏览到它的简介以后，当时就觉得特别好，于是立刻把这个系列全部都买回来了。

这本书叫作《当情绪来敲门》。

它告诉宝贝们什么是情绪，怎样去识别和感受情绪。在这里，我给大家分享这本书里面的一段话：

今天有没有一种感觉要来拜访，你能不能先打开你的门，邀请它共同玩耍？

能不能先问一问、再查一查，看它到底想要怎么样，可不可以先欢迎它，再听一听那是关于啥？

它到底长什么样呢？是高是矮，是胖是瘦，或者圆得像一个球？

它是像太阳一样欢快，还是像雨滴一样忧郁，或者你没有办法去形容它的模样？

它给你的是什么样的感觉，是像云一样轻轻地飘浮在空中，还是像灰熊一样庞大而沉重？

它是暖还是凉，是酸还是甜；当你们相遇的时候，你有没有害怕得发抖？

这种感觉是怎样传到你家里来的，它是直接闯进来，还是像小老鼠一样偷偷地溜进来？

它是像暴风雨一样需要慢慢地聚集，还是快得像蜂鸟一样拍打着它的翅膀？

它停留在你身体的什么地方，这种感觉它是下到那么低在你的肚子里，还是爬得那么高在你的咽喉里？

如果你想好好听听自己身体的诉说，你会明白自己的感觉非常真实。

所以只要留心一点点，关心一点点，这些感觉还会告诉你，为什么它们会停留在那里。

有些感觉不是那么好，有一些感觉有趣得多。

无论何时，当一种感觉过来找你玩儿的时候，请欢迎它进来，并且让它停下来；

愿意停留多久请你都随它，两分钟可以，一天也行，所以就像对待一个跟你聊天的朋友一样去对待你的感觉吧。

绘本里，让孩子把他自己的身体比作一个屋子，把情绪模拟成一个访客。绘本惟妙惟肖地引导孩子们去感受，情绪是什么感觉，它停留在身体的什么地方，它为什么会来。通过运用感官去探索孩子们在日常状态下，遇到的各种各样的情绪，从而去提升他们的情商，还有情绪的感知、表达能力。

识别情绪是第一步，接纳和分析情绪是第二步。

不要认为这个很简单，由于传统文化里，认为成大器者就应该"喜怒不形于色"，心境应该永远"古井无波"，所以国人向来不太重视情绪的疏导，对孩子也是以"打压"为主。

可是压抑久了一定会出大问题的。情绪如水，堵不如疏。

识别情绪的时候，女性的觉察力是比较有优势的。首先需要抽离自我的身份，用旁观者的意识，觉察到自我的情绪。

如果没有上过情绪管理课，没有上过心理学课，一般大部分人的状态都是被情绪吞没，也就是陷入情绪里。这个时候，人就是情绪的奴隶，被各种力量左右，失去了理性，失去了判断。比如生气，会让愤怒遮蔽双眼；高兴，会达到"得意忘形"的境地。

其实，在高兴、快乐、悲伤、生气、兴奋、压抑的任何情绪状态下，我们都可以抽离"自己"这个身份，启动一个另外的视角，像站在旁边的另外一个人一样，去看我们自己，这样才能够清楚觉察到此刻的自己处在什么样的情绪下。

重构情绪的第一步，就是先觉察到自己的状态。

然后，我们可以静静地去接纳自己的感受——要记住情绪不分好坏，每一种都有自己的意义。

情绪管理并不是要求我们做到没有情绪，或者是要把所有的负面情绪全部排除掉。这种状态是不存在的。

就像这个世界上有白就有黑，有光就有影，有善就有恶一样，情绪有正面就有负面。每一种情绪，其实都是我们自己的一部分。就像天气一样，它会有阴晴变化，我们要做的是柔软地接纳、包容自己的情绪。

在开篇提到的小朋友的绘本，作为大人的我每次念起来，同样觉得很疗愈。为什么呢？因为我们每一个人的内心深处总有脆弱，总有柔软，总希望被温柔以待。

一个浑身充满戾气的人，其实他也很苦，他的童年或者现实生活里一定有深深的不被温和相待的日子。

所以，请从现在开始，先对自己温柔平和起来，这样我们才能平静地面对外面错综复杂的世界。

在接纳了情绪之后，需要留一段时间和空间给自己消化，不要急着想把这些情绪全部都排解掉或者压抑下去，所有的这些过于强硬的处理手段，都会让自己觉得很憋屈，也终将在今后的某一天反弹回来。

在觉察和接纳情绪后，我们再分析情绪。这时候需要解读每一种情绪后面的自我诉求，去分析一下这件事情，到底是它哪里触发了心中的防御机制或者情感按钮，让一些负面情绪产生的。

调整、表达情绪和影响行为

情绪就像水一样，没有固定的形状和踪迹，它是流淌着的。

对于水，堵不如疏，而疏导的一个非常重要的方式，就是表达。

曾经有调查显示，在愤怒状态下的人们，如果你给他一个机会让他喊出来"我生气了！"那么80%的人都会觉得怒火变小了，这是一件很有意思的事情。

情绪的确是这个样子，需要表达出来。

正确的情绪表达有着化腐朽为神奇的力量，而这里面的诀窍在于：客观描述感受，理解对方，给出解决办法。

最近晴晴有些苦恼。婆婆来家里帮忙带孙子，小家伙1岁多，正是喜欢到处探索的时候。但是婆婆担心孙子安全，总是这也不让摸，那也不让碰，手里抓的东西十有八九会被拿走。而且婆婆很爱这个孙子，总是一刻不停地去跟小家伙说话，以至于小家伙做任何事情都会被打断，注意力越来越不集中。

晴晴尝试着跟婆婆说了两次，婆婆有些不高兴了，顺带把儿子也搅和进来，家里面的气氛一时紧张了起来。

这天晚上，晴晴决定跟老公再直接沟通一次。

如果按照本能，受了委屈第一时间的反应是发泄，晴晴很想直接气冲冲地对丈夫说："你看看你妈，明明是她的教育习惯约束了宝宝，尝试着跟她沟通一下，结果她马上找你诉苦抱怨了！"

晴晴想了想，如果说出这句话，自己内心的苦闷烦躁的确发泄出来了，但是这个时候丈夫会是什么感受呢？他会想：我妈也是好心来帮忙带孙子，我在外面辛苦打拼，就是希望给你们安定的生活；

但是当我筋疲力尽回来的时候，却被母亲抱怨、妻子责骂，这算是什么事？于是一场战争就这样爆发了。

那还能怎么办呢？还有一种选择就是把一切都压下去，堆起笑脸来跟丈夫解释："老公你辛苦了，家里的事情我会尽量处理好，你就别费心了；我给你留了一碗汤，你赶紧喝了就睡觉吧，千万不要累坏了身体。"这样贤妻良母的表达，应该是很多男人心目中梦寐以求的妻子的状态。但是这样贤惠的妻子，心里一定是装了非常多的委屈，这些委屈总有一天会爆发出来的。问题和矛盾并不会随着压抑而消失，反而会累积到最后回天乏术。

情绪是一种能量，它是不会凭空消失的，要么你把它爆发出来，爆发出来以后，可能会导致一些恶果；要么它被你压抑下去，但是它只是暂时被忽略掉了而已。

上面两种选择都会让晴晴产生的情绪被卡住，就是说它可能被宣泄了，也可能被压抑了，但是它没有被真正化解掉。

晴晴思前想后，决定用一种既能表达自己情绪又尊重他人的方式试一试。丈夫回到家，她找了个二人独处的相对放松的时刻——

首先客观地描述自己的情感和感受。她说："老公你回来了，最近因为宝宝教育方式的问题，跟咱妈有点意见不统一，闹得家里气氛有些紧张。我心里也有委屈，希望得到你的谅解和支持。"这一段话晴晴是客观地描述了事实和自己的感受，她内心的情绪在第一时间被表达了出来。

紧接着，晴晴说："我知道咱妈过来帮忙带孙子是好心，她辛苦了；你工作忙压力也很大，希望到了家里，大家能都开心一些。"
在第二句话里，晴晴看到了对方的感受，丈夫听到了这样的话以后，
他心里面的情绪也会被正确表述出来。不管是好的还是坏的情绪，
只要对方看到了觉察到了，你的情绪的强度第一时间就会消除一半。

看到老公平静地听着，晴晴接下来给出了解决办法："其实我
跟咱妈只是教育理念的分歧，毕竟放手让孩子探索和专注成长是影
响他一辈子的事情。其余的我很尊敬她，希望你能从中做做工作，
让咱妈还是以我的意见为主，毕竟孩子后面十几年的教育还是要落
在我身上，这样家里的关系也能更好。明天我就去买几件新衣服给
咱妈，你代为转交，顺便做做工作，这样也让妈面子上过得去，心
里也舒服。你看这样好不好？"

这时候这些话说出来，晴晴老公立马点头："媳妇儿，你通情
达理，家里重任以后也是交在你的肩膀上，我支持你！"

晴晴结合当时真实的场景，通过这样的沟通表达方式，既兼顾
了自己和对方的感受，同时提供了一种比较理性的解决方案。学会
用正确的方式表达自己的情绪，积极加工，引导出一个好的结果，
是处理情绪的核心秘籍。

德国小说家弗兰克说过："我可以拿走人的任何东西，但有一
样东西不行。这就是在特定环境下选择自己生活态度的自由。"

情绪不分好坏，
都是我们成长的力量

情绪是不分好坏的。每一种情绪都隐藏着巨大意义和价值。

我们在面对每一种情绪，尤其是负面情绪的时候，只要做一些正面加工，就能获得比较好的结果，而不是一种破坏性的后果。

愤怒

第一种负面情绪是愤怒。为什么我们会愤怒呢？为什么我们会生气呢？因为感觉被侵犯了。如果生气了，愤怒了，我们的表现是什么呢？一般情况下都是指责、批评、攻击、破坏，这些都是因为愤怒的情绪而做出的行为表现。

这些表现背后的深层含义是大脑希望我们通过攻击、指责、破坏、隔离这些方式，去消灭我们的痛苦源。

举一个很简单的例子，比如说有人因为言辞不当惹怒了我们，我们之所以去指责他或指出他错误的地方，是希望他能够承认自己的错误，从而闭嘴，不要再跟我们争执，不要惹人生气。

一般情况下，我们生气、感觉到愤怒，是因为有东西让我们感到了痛苦。而我们由愤怒引起的这种攻击性行为，是希望把这种让人痛苦的因素消灭掉，把它从现在的世界中隔离出去，不要再出现在我们面前，惹我们生气。

因为我们觉得自己是有能力去对抗它的，是可以消灭掉它的，所以才会采取愤怒和生气的方式和情绪去对抗它。如果当我们的潜意识觉得这个东西侵犯了自己，但是以自己的力量绝对没有办法跟它抗衡时，我们会选择压抑，而不是愤怒。

愤怒没有问题，暴怒后丧失理智，造成了不可挽回的后果才是问题。

当进入了暴躁、生气这样的情绪状态时，我们应该通过什么样正向的动作调整，让一些更理性更有效果的行为替代非常有破坏力的攻击呢？

这时候我们应该做的是先踩个急刹车，冷静一下，把自己从当前暴怒的环境中稍微隔离一下，然后用理性思维去分析。

人的大脑构造非常有趣，感性的时候，是没有办法理性分析的；理性分析的时候，人是没有办法感性的。比如，当你因为一部很煽情的电影哭得稀里哗啦的时候，你只会觉得自己被带入了这个场景，很感动或者是很伤心。这个时候的你，是不会去理性分析电影的这个镜头导演是怎么拍的，编剧是怎么写的，灯光是怎么打的，演员的服装是怎么做的。因为这个时候你的大脑是感性的，而感性中枢在发挥作用的时候，是没有办法理性分析的。

当冷静下来，思考过后，你会更偏向于用一种理性的方式去表述，然后提出一个更好的方法，平和而坚定地维护自己的权益。

焦虑

焦虑也是我们经常会产生的一种负面情绪。

焦虑深层次的心理含义或者说引起焦虑的原因，是欲望和现阶段能力之间的差距。也就是说想要一个东西，但是够不着，这就是产生焦虑的最本质的原因。

那么，怎么样去做一些正向的调整呢？在焦虑的状态下，最好的一种方法就是立刻行动。有句话曾经颇为流行："当你觉得无所事事，无聊又焦虑的时候，可以旅行或者读书，这样灵魂和身体至少有一个在路上。"

哪怕意识到理想或者欲望跟目前的状态和能力之间有着很大差距，已经让你产生焦虑了，但当真正行动起来的时候，焦虑就会立刻减半。

我刚工作做公关的那几年，频繁在海外出差，从一个执行部分工作的小组员，逐步成长为项目经理。在刚刚独立运作的时候，着实焦虑。有一次一个临时的任务，要在三周内去比利时筹办一场几百人的峰会和晚宴，来宾和领导的规格又非常高。只有二十天时间，所有工作还是一片空白。

当天晚上我准备在办公室加班，也是利用时差争取与欧洲白天工作时间的沟通。但是焦虑和压力排山倒海而来，我只有坐在电脑前发呆的力气。这时候我的领导经过刚好看到，她神秘地对我说："你先把整个任务的工作计划Excel表做出来，我们再交流。"

后来，随着各项内容的逐步开展，虽然事情都很紧急、烦琐，但内心压力却一点一点变小了，最后我漂亮地完成了任务。

　　这样几个项目做下来以后，我也参悟到了其中的诀窍。在做事情的过程中，所有的注意力全都集中到你目前正在做的事情上，这时你内心的潜意识会意识到，我的身体正在为这个目标而进行实际的努力和行动。当把时间精力放在行动上了，而不是浪费在不停地思索、产生很多无效思绪的过程上时，其实也就不焦虑了，因为心里开始有底了。

嫉妒

　　嫉妒产生的原因大家都知道，是羡慕。羡慕得有点过分了就会变成嫉妒。嫉妒会产生一些不好的行为，比如贬低、破坏、敌视、排斥等。嫉妒本身是一种没有负面意义的情绪，但是它之所以会被认为是不好的情绪，是因为后续产生的行为。

　　如果没有这些行为的话，嫉妒只是一种情绪，它告诉我们可能没有看见或者假装看不见的内在需要，它告诉我们自己心底真正在意的东西以及我们究竟有多想要这个东西。

　　嫉妒的条件反射所产生的负面性行为——贬低、破坏、敌视、排斥，其实是可以通过自己有意识地觉察和信念，把它加工成正向的行为，即自查到了自己真正的欠缺和不足后，把这种欠缺转化成建设性的、正能量的行动，而非破坏。

悲伤

在悲伤的状态下，人通常会哭。因为从生理上来说，眼泪真的是可以排毒的。一般情况下，在哭泣之后，人的情绪强度会降低50%以上，对身体健康的不良影响就会降低。

如果某些巨大的痛苦或者生活中的落差让我们觉得没有办法去扭转的时候，这种悲伤和痛苦是需要时间去整理和接纳的，要通过一系列的释放、疗愈去解决的。当走过了这一段悲伤和痛苦之后，人的这种承受能力会变得更加坚韧和强大。

恐惧

恐惧是从原始时代就留在人类基因里面最强大的一种情绪或者是本能反应。它是对于危险或者未知的一种本能反应，那恐惧会转化成什么行为呢？面对恐惧，我们会警觉、会敬畏、会害怕、会逃跑，这个强大的本能预警时刻提醒着我们注意安全。

当我们觉得害怕或者恐惧的时候，第一反应是逃避，避免面临那种未知的糟糕的结果。所以在面对恐惧时，正面的加工就是一边要保持警觉，一边要勇敢正面地去面对。这种恐惧的情绪会让我们更加谨慎仔细，从而去避免一些重大的失误。

举个例子，其实很多人都是害怕公众演讲的，你给他一个麦克风，上台后他突然发现一下子几十甚至上百人的目光都对准了他，多数人的状态都是大脑一片空白，然后语无伦次，脚也发软，手也发抖，拿着麦克风一直非常紧张。

怎样去克服这种舞台的恐惧感？最好的方法就是，不断地去挑战它，去直面这种上台的恐惧。在你锻炼过无数次以后，总有一天这个临界点就会被突破，然后上台再也不害怕了。

当然适度的紧张感是好的，它会激活你的感官，让你保持警觉、敏感和兴奋的状态。

压抑

压抑和愤怒是一对相反的表现。

当面对一个痛苦源或者一个刺激源的时候，如果我们觉得自己有力量去一搏的话，就会选择愤怒和对抗。如果我们觉得目前没有办法去面对这个冲突的时候，通常第一反应是压抑自己。

我们在面对冲突和矛盾的时候，内心潜意识会提醒自己，我暂时没有好的办法和能力去解决这个冲突，这个时候，压抑就会让我们退回到自己原来的空间里面，有一个喘息和回避的机会。

但是压抑久了就会爆发，鲁迅先生曾说过一句话："不在沉默中爆发，就在沉默中灭亡。"压抑久了以后，再进一步就是它会转化成愤怒和攻击。有一些人一般不太发脾气也不吭声，但是有一天他到了忍无可忍的时候，负面情绪就突然如火山喷发般发泄出来，后果是非常严重的。

所以当我们觉得自己处于很压抑的一个状态的时候，就需要积极寻求有效的沟通方式去解决问题，避免情绪持续累积。

有一次在做情绪管理训练的时候，有一个学员对我说，她有负面情绪出来以后，一般情况下都会藏着、掖着、压抑着，但是在午夜梦回的时候通常都会哭醒。我对她说，在现实生活中，总有一天她会压不住的，最好的方法就是学会正确地表达自己的情绪、尊重别人的感受，同时用理性而平和的方式提出一种有效的解决手段。

希望

在讲了六种核心的负面情绪以后，我们把一个正面情绪单独拿出来说，这种情绪叫作"希望"。

在情绪四象限的感受里面，其实有很多情绪。比如兴奋、惊喜、高兴、平静这些情绪，都是正面的感受，但为什么要把希望单独拎出来说呢？希望是一种预期，是对未来的一种乐观的预期，它所给你带来的感受或者行为是一种期待，是一种愉悦和憧憬，这个感受其实并不产生于你的当下，而是你对未来的一种愿景。

当我们想象一个美好未来的时候，我们的大脑其实已经在预支未来的这种喜悦感了，这种感觉其实是一种持续时间非常长的状态，它会让我们觉得很幸福。

想一想，很多时候我们的愿望达成了以后，那种强度很高的很兴奋的状态，其实是短暂的。如果有一个东西让你觉得未来充满着希望，这种状态其实是可以持续很长时间的，而且它会让人分泌多巴胺，会让人觉得未来是美好的，让人充满期待。

希望是人类最长久的幸福。

从情绪黑洞成长为生命的灯塔

什么是情绪的黑洞?

我们时常会陷在情绪里面被情绪所影响,有很多的能量内耗,其实都是因为经常考虑小我的一些问题。我们经常会内耗,会纠结,很敏感,很脆弱,这就是情绪的黑洞,也是很多女生面临的共同的问题。

女性的生理结构就注定着女生的感受探针比男性要敏感一些,更多的思考来自感性的角度。这个有好也有坏,坏的部分就是内耗太多,好的部分是更容易觉察到自己和他人的情绪。

我们每个人都希望自己能够一步一步走出情绪的黑洞,变成一个更加通透的、有智慧的、豁达的女性,可以做自己情绪的主人,再去点亮生命中最亲近最亲密的人。

觉察和接纳

成长是一辈子的事情,没有终点。没有人敢说自己已经尽善尽美了,但是我们每一天都可以成长一些,让自己更加舒适,让身边的人能够凝聚在我们身边。

自我成长的第一步就是学会觉察和接纳。

我们刚刚讲到,敏感是个好事情,敏感要用在对自我情绪、对

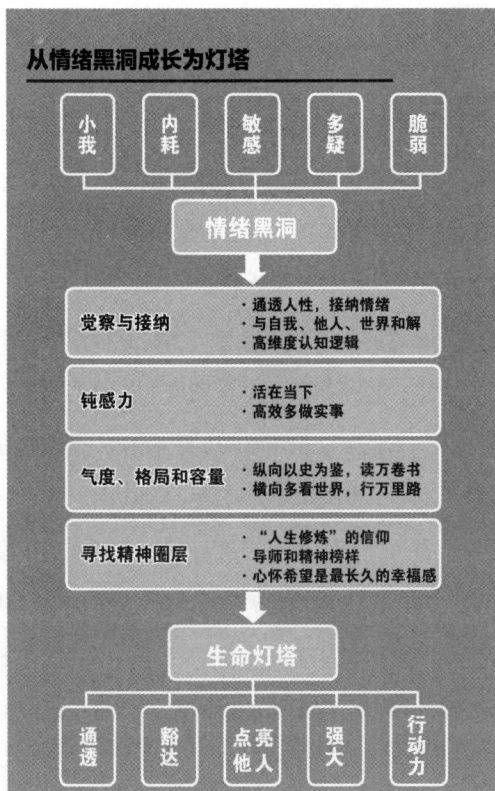

从情绪黑洞成长为灯塔

他人情绪的体察上面，而不是用在纠结上面。每一种情绪的产生都有它自己的意义和价值，这是我们自己最真实的一部分，我们要学会去接纳它。

钝感力

活在当下和高效多做实事，是解决情绪内耗和减少无效思绪的最重要方法。

在这里也推荐一本书给大家，日本作家渡边淳一的《钝感力》。

《钝感力》告诫现在的人们不要对日常生活太过于敏感，要学习一种"迟钝"的力量。迟钝的力量会有助于我们从容地去面对生活中的很多烦恼、伤痛和挫折，从而很坚定地朝着自己的方向前进，它是一种赢得美好生活的智慧和手段。

一般来说，敏感过头了一定会想太多，会很纠结，就会导致我们没有行动力。想一想，如果一个探测仪太过敏感的话，它在日常环境下一定"活"不长。任何风吹草动，任何一点温度变化，它都会不停地跳动，用不了多久这个探针就会坏掉了。

在自然界也是这样子，特别灵敏好动、高耗能的生物体，寿命往往是不会太长的。再比如乌龟，它虽然行动缓慢很钝感，但是寿命很长。人生命中整体的能量其实是有限的，当我们在很多这种无效的浪费中去耗散掉自己生命的能量的时候，身体心理健康一定会受损。

提升格局和容量

"心有多大，舞台就有多大。"是大家耳熟能详的一句广告金语。

戴尔·卡耐基在《女人的格局决定结局》中这样解释这句话：你的心有多大的空间，才能干多大的事情。而人心的空间则取决于一个人的心胸和气度。

怎样从小我之中解脱出来，提升自己的气度、格局和容量呢？这里送大家三个非常有用且立竿见影的办法。

1. 改变思考方式

俗话说"屁股决定脑袋"，若想最快改变思想，就要跳出自己的角色和处境，从问题看问题，以此来思考哪些该做，哪些不该做。这样你就会有一个更大的格局来思考问题，并且能够专注地寻找解决问题的最优方法，打开一个全新的局面。

2. 多了解历史

开创贞观之治的唐太宗李世民有一段话流传千古：

以铜为镜，可以正衣冠；以史为镜，可以知兴替；以人为镜，可以明得失。

这段话的意思是：用铜镜，可以端正自己的衣冠；以历史为镜子，可以知晓兴衰更替；以人为镜子，可以看清得失。

历史是一面镜子，里面是先人留下来的各种知识、经验、智慧的汇总，有太多太多需要我们学习和斟酌的地方；它是最好的教科书，也是最好的清醒剂，"如果我们不向历史学习，我们就将被迫重演历史。"

所以，你完全可以通过多看历史方面的书或者纪录片，来揣摩这些人物的命运、性格及思考问题的方式等，从中学到为人处世的经验。一旦养成了历史观，你再看自己身上所发生的事情，就会变得淡定从容。如果条件允许的话，大家可以多去名胜古迹走一走。

我最喜欢的地方是河西走廊，这里我已经去过三次了，第一次第二次都是我一个人，飞到新疆然后从甘肃回来。每每置身于荒凉沧桑的戈壁大漠，两千多年的历史扑面而来。

汉武帝刘彻派张骞出使西域的时候，这一年张骞25岁，刘彻17岁。公元前139年，张骞转身离开长安的这一刻，他知道向西去的路上充满着艰辛和险阻，但是他不知道这一刻也会被记入史册，这一走就是13年，等他再回到长安，已经是38岁了。

除了张骞，还有唐朝去西天取经的玄奘，在这么艰难的情况下，是什么样的精神力量支撑他们走过这艰辛而漫长的人生旅途的呢？

那个时候没有汽车，没有GPS定位仪，语言不通。在这么艰难的条件下，古人们一步一个脚印，顶着炎炎的烈日跋涉在千里黄沙之中。我看各种关于丝绸之路的历史书的时候，就想起这些先人。未来所有的一切都是未知的，难道他们不恐惧吗？难道他们不焦虑吗？

想一想河西走廊上两千多年的历史，有多少起起落落，有多少生死离别，有多少改朝换代，有多少金戈铁马，先人们就是这样一步步地走过了。每一次我背着背包，在茫茫戈壁上行走的时候，都能感觉到自己就是在跟这些不屈不挠、心中有丘壑、怀着远大梦想的先人们，跨越了两千年的时空进行对话。我觉得我可以去吸收他们身上的力量、他们的精神。

再回过头来看一看我们现实中的生活，有什么困难会那么大呢？有什么烦恼让我们睡不着呢？有什么东西会让我们觉得生命不美好呢？因此，我们要为自己树立一个熟悉的、伟大的人物榜样，让他们的精神力量鼓励我们去超越和成长。

3. 多和高手过招

看过《射雕英雄传》的人都知道，杨康的学武起点是很高的，天资聪慧，身为金国小王子，师资也优越——先有丘处机，后有梅超风。相比之下，郭靖天资愚钝不说，也只有"江南七怪"为师。可是后来，他在黄蓉的帮助下，又靠自己真诚纯良的品质，遇到了四个顶级武林高手：洪七公、周伯通、黄药师、段王爷。郭靖与他们过手之间，不但学到了武功精髓，还提升了自己的人生格局，最终成了一代大侠。

由此可见，你可以多寻找机会和成功人士聊天，在聊天的过程中，仔细分析别人看事情的角度，思考别人如何做出判断等，这种经历多了，你会发现自己的格局和容量都会呈梯级增长。

如果你再聪明一些，抓住这种聊天的机会，将对方变为自己的"导师"，保持联系，那么你身边就有了一个"看得见、摸得着"的榜样，他能在精神层面或者实际行动上给予你指引。

寻找精神圈层

榜样的力量也是寻找一个属于自己的精神圈层的过程，当我们怀揣着"在世修行"的信念，了解到人一辈子几十年，每一个来到我们身边的人，每一件我们生活中经历的事情，都是上天安排好的，让我们经受锻炼的特殊馈赠。

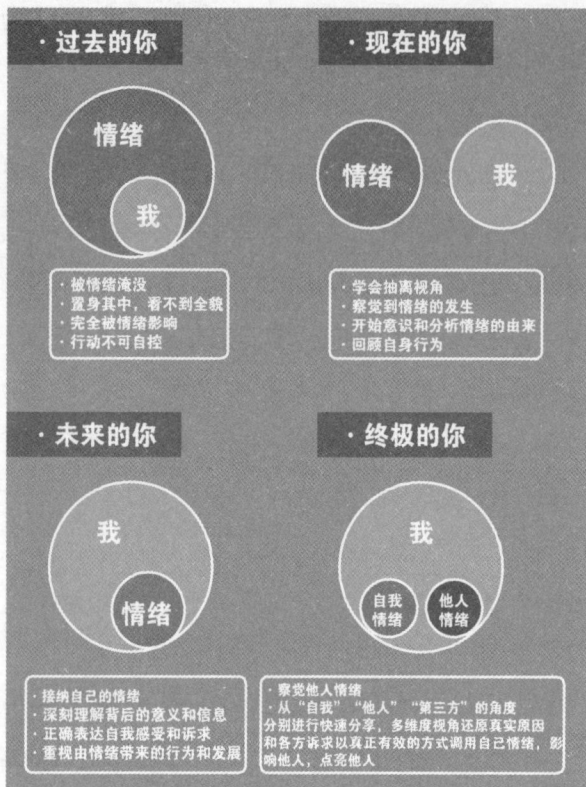

·过去的你　·现在的你

情绪　我

·被情绪淹没
·置身其中，看不到全貌
·完全被情绪影响
·行动不可自控

情绪　我

·学会抽离视角
·察觉到情绪的发生
·开始意识和分析情绪的由来
·回顾自身行为

·未来的你　·终极的你

我　情绪

·接纳自己的情绪
·深刻理解背后的意义和信息
·正确表达自我感受和诉求
·重视由情绪带来的行为和发展

我　自我情绪　他人情绪

·察觉他人情绪
·从"自我""他人""第三方"的角度分别进行快速分享，多维度视角还原真实原因和各方诉求以真正有效的方式调用自己情绪，影响人，点亮他人

只有通过这一件件一桩桩的人和事，历经痛苦与磨难，我们才能成长为更好的自己。

一言一行，一粥一饭，皆是修行。

当我们有一个宏伟的人生信仰，找到自己的精神圈层的导师之后，就会被这些更有容量的、更富有正能量精神的人所感染和鼓舞，同时心怀希望，这样才是最长久的幸福。

过去的我们很容易被情绪所淹没，置身于突如其来的、看不到全貌的感受中。没有上帝视角的我们，行为也不可控，完全被情绪影响。这是大部分人的情绪状态，当我们了解了情绪的真相以及情绪管控的秘籍之后，要学会用一种第三者的视角看待自己的情绪。

也就是每一次，当这种情绪本能反应袭来的时候，第一时间将自己抽离出来，然后好像是站在旁边看电影一样，能够觉察到自身现在有什么情绪在发生，能回顾自己的行为和意识，要做到这样一步。

在未来，我们要不断地成长，让自己有能力去接纳自己的情绪。情绪就像水一样，不分好坏，都是我们自己真实的一个部分。我们要接纳它、包容它，理解每一种情绪背后的含义和信息，然后正确地表达自我的感受。

最终，我们不但要包容自己，更要有能量觉察、尊重和影响到别人的情绪。用一种真正有效的方式跟旁边的人进行良性的互动和沟通，照亮自己，点亮他人。

每一个人想要过好自己小小的生活，其实都是要耗费非常多的力气，不断地学习和成长才能做到的。没有任何一个人的生命和生活是不费力气、轻轻松松的。

希望我们每一个人，最终都能够成为情绪的觉察者、接纳者、引导者及管控者，都能够成为一个真正的情绪高手，不但能够接纳和包容自己，更加能够影响和点亮他人。成长不易，感谢你们的努力，让我们一起拥抱未来更加美好的自己！

附：

【高级感】"情绪管理"训练营部分学员问答纪要

问题一：

我身上最常见的情绪是：跟我老公容易出现矛盾，因为他的性格是那种不爱别人多管的，多问几句就不爱搭理你，所以我感觉非常委屈。有了这种情绪后，有时候不想让情绪更火爆，我会隐忍，如果忍不下去就找到让对方感到不舒服的点去责备他，双方的矛盾不断升级，我该怎么控制这种情绪呢？

姜校长：

这个问题是没有标准答案的，因为每一个人他自己身上最常见的情绪跟他自己生活的状态是相关的。比如有了这种委屈又不爽的情绪之后，她一般会选择隐忍或者找到对方不舒服的地方去攻击对方，其实选择的反应就是两种，一种是压抑，一种是攻击。这就可以用我们之前讲到的一些核心方法论去重新加工和处理。

问题二：

我身上最常见的情绪是急躁，特别是在面对女儿和先生时，就会更加急躁。当自己意识到这样不好，特别是对孩子影响不好时，就买了一些有关情绪管理的书来看。后来，我与先生及女儿在讨论某些问题再出现急躁情绪时，一旦我意识到了，就会立刻急刹车，让谈话先暂停；但是有很多时候还是控制不好，会从急躁到暴躁。我该怎么控制这种情绪呢？

姜校长：

你的情绪管理意识已经开始建立了，就是自己已经意识到这个时刻——我非常着急，我很急躁，我很可能快要发火了。因为你学习过情绪管理以后，会知道这时候需要暂停一下，但是由于各种各样的原因或者是惯性，可能成功的概率并不是很高。

但是你已经迈出了第一步，已经觉察到了你的情绪，这非常好。当你觉察到了以后，你才会想：我可以做一些什么正能量的动作去加工。你的第二步也做得非常好，就是抽离，就是踩急刹车停止谈话。

我们说忍是"心"字头上一把刀，就是心上插一把刀，的确就是这样子的。当你脾气上来的时候，其实隔断的最好方法就是你说的暂停或者是说把自己抽身出来。你可以离开这个现场，到外面去转一圈，或者打开手机看一看新闻、玩玩游戏，总之就是首先你要从物理上跟当前的这个状态彻底隔离开来。一般情况下，几分钟后，人的暴躁的情绪状态就会自然而然地降温。因为情绪的四象限里，能量情绪越高的状态，其实持续的时间越短，这是由人的生理性结构所决定的。

成功控制自己的概率不高，是因为锻炼的次数还没有达到惯性。情绪管理也是需要反复练习的，良好的开始是成功的一半，已经非常棒了。

问题三：

一般我都会把负面的情绪藏在心中，不敢表达。我感到非常纠结，不知道在表达了这些情绪以后能否有效果。

姜校长：

将自己身上的负面的情绪藏在心中，不敢去表达；之前会经常纠结在表达了这些情绪以后会不会有效果，这就是我们说过的"能量内耗"。

能量内耗就是说一个人在做这个事情之前，有很多想法，时间和能量都耗在了"是不是应该做""到底做还是不做""我做了以后有什么好，有什么不好"。这个纠结的过程是非常消耗精力的。因为人的精力是有限的，消耗完了以后，真正落在执行或者实践上的时间和能量就会很少，这就是大部分人想太多做太少，最后做不成事的原因，所以情绪一定要表达出来。

问题四：

我女儿快6岁了，还没分房睡，一直不敢一个人待着。我分析了下，两年前她和小她四个月的表弟不小心把自己锁在房间里，两个人抱着哭。我出于培养他们独立能力的考虑，强迫自己冷静下来，教她开了锁，可是到现在她还是不敢一个人待着。不知道是否跟这件事有关系呢?

姜校长：

孩子分房睡，其实是没有一个固定的时间的，也就是说没有说在多少岁之前必须要一个人睡觉。

人的心理成熟到一定的状态，就好比电器充电一样，当充满电了以后，它自然会好好运转，如果强行断开，隔不了多久你还是要回来继续充电的。

所以，孩子如果有足够的安全感（尤其是生命前三年所获得的），独立是一个瓜熟蒂落、水到渠成的事情。但是如果曾经有一些刺激性的事件，或者是心理方面的问题，超出了日常情绪管理的范围的话范畴，建议去找专业的心理医生求助。

第四章

远离低层次朋友圈，
你才能活出高级感

成年人的朋友圈，
需要边界感

不知道你有没有发现，身边很多朋友的朋友圈变成"仅三天可见"了？

回想我们自己，好像毕业以后，交真心朋友就变成了一件很奢侈的事。

职场上，大家为了利益你争我夺；合作方和竞争方就不用说了，一堆糟心事，要不是经常给自己洗脑——"干的是服务业"，早就气得掀桌子走人了；同事和同事之间，好像总若有似无地隔着一层"窗户纸"，虽然见面还是点头微笑，但下班后各回各家，也很难聊到一处，好不容易有个聚会，往往也是吃吃喝喝聊下八卦就草草收场……人和人的关系都变得很淡薄，别说找人帮忙解决麻烦了，就是打个电话说说心事，都不知道找谁。

为什么随着慢慢长大，我们越来越孤单了？

小时候，交朋友是一件自然而然的事，为什么长大了，反倒变难了呢？

其实，我想说的是，不是我们的心变冷了，而是我们交朋友的标准变高了。

小时候，大家只要住得近，玩在一起就可以是朋友。随着人生

生活需要高级感

轨迹的变化——读书、工作、成家——很多朋友就自然而然地散了。

等我们长大成年，步入社会，会更遵守成年人世界的规则——尊重交往的边界。友谊建立的前提是必须尊重彼此。在这个基础上，我们更倾向于寻找和自己一样的人，即性格、三观、兴趣爱好更为接近的人，我们才愿意花更多的精力来和他交朋友。

而从人际关系的质量来看，长大后我们能交到的长期稳定的朋友，无疑是更高的。

你会发现，这些朋友往往很了解你，你们有着很多的共同语言；你们不需要时时刻刻黏在一起，却丝毫不影响你们的关系；某种程度上，他依然能给你很好的精神支持，仅仅因为你知道有这么一个人，哪怕他不在你身边；他和你虽然相隔万里，你却和他有着深刻的互动，他能感同身受，体会你的痛，他能为你的成功而感到由衷高兴，他能和你抱团取暖，互相提供帮助，在你迷茫时，一句话点醒你；无论是他，还是你，你们都在彼此成就中成长。

有一部很老的美剧《欲望都市》，主要讲了畅销书作家凯莉和另外三位事业成功的女性萨曼莎、夏洛特和米兰达之间的友情，以及追求各自爱情的故事。情节已经忘得七七八八了，但是我印象中很深的一幕是当时圣诞夜，凯莉在家接到米兰达的求助电话，从床上爬起来，冒着大雪，穿过纽约几个街区去米兰达的家看望她。整个过程凯莉的狼狈被漫天雪花掩盖，街道上播放着爱尔兰语吟诵的《友谊地久天长》……

虽然成年人的友谊看起来更现实，更需要付出勇气和努力来建立和维持，但是只要处理好这个边界，我们就能获得像凯莉和她的闺蜜一样的友情。

那什么是人际边界呢？

心理学中说的"人际边界"，指的是个人所创造的准则或者限度，让自己在人际交往中，保持一个安全的状态。而一旦有人超过这个边界，就会引起人际关系问题，甚至是冲突。

这种边界，用客体关系学派心理学家梅兰妮·克莱茵的话来说，边界不清容易导致自我的界限与他人的界限混淆，从而太过紧密，侵犯到他人空间。但边界太清晰又会缺乏弹性，难以建立真正的亲密关系。

因此，要维护好友谊的小船，必须有自己的人际边界，并把握好度。

姜思达因为参加综艺《奇葩说》和何炅结缘。有一天他心情有点沮丧，就做了一个恶作剧，在自己的朋友圈里发文："打钱，缺钱花，谢谢。"

没想到，何老师立刻给姜思达发了个200元的红包，并且说："宠你，没办法！"

这里，你能看出何老师的边界感拿捏得非常好：他知道姜思达在线"乞讨"并不是真的缺钱，而是心情不好，想获得朋友的关心，说白了是一种求关注的撒娇。何炅看破不说，没有打破砂锅问到底，尊重了他不说的权利（姜思达并没有说是因为什么不开心），而是直接给他发了红包，表达了朋友对他的关心和支持。因此，何老师在圈中公认的好人缘也就很容易理解了。

何老师的人际边界把握得很好，固然和他情商高以及见多识广有关，但我们也可以通过以下几个步骤来建立自己的人际边界：

第一，我们要相信友谊的积极价值。"一个篱笆三个桩，一个好汉三个帮。"我们必须对友情有足够的信任，相信友情可以在一定程度上帮助我们抵御风险。

第二，我们对朋友要有合理的预期。不要对朋友有过高的期待，同时也不要对朋友做出自己做不到的承诺。

第三，保持合理距离。"距离产生美"，在彼此还不够了解的时候，保持一定的距离，总是有益而无害的。这相当于在你和朋友之间先建立一个缓冲带，让大家能够更好地看清彼此。

第四，真诚待人。真诚一定是人际交往中打动别人的最好方法。只有做到了真诚待人，别人才容易看到真实的你，才容易从人群中迅速地识别出你是不是他的同类，是否可以进一步交朋友。

第五，要学会互相调整友谊的边界。人际关系并不是一成不变的，随着交往的方式和时间的变化，友谊的边界也会随之变化。如果你珍惜你们之间的友情，那就得学会调整自我边界来适应友情边界的改变。

有了友谊的边界，我们还需要和朋友一起成长。就像电影《绿皮书》中说："彼此成就的友情，最是治愈人心。"

2008年，久石让日本武道馆的音乐会现场。

有一位白发苍苍的观众，从观众席上起身，抱着一大束花向舞台缓缓走去。他要把这束花献给台上的久石让。

等到大家看清这位老者就是大名鼎鼎的宫崎骏，不禁发出一阵欢呼。而久石让接过花束时，与他对视也不禁红了双眼。

这两位世界级大师，已经合作了35个年头。

1984年，宫崎骏正忙于为电影《风之谷》寻找满意的配乐。而这时的久石让还是名不见经传的配乐师，靠着每天向电视台贩卖十几首的配乐来维持生计。两人在一间非常简陋的工作室见面了。届时宫崎骏已和高畑勋合作过多部口碑不错的动画作品，咖位绝对比久石让高出许多。

宫崎骏没有因此而看低他，在听过DEMO之后，立即决定排除众议，让久石让担任《风之谷》的配乐工作。

这合作一发不可收拾，"宫崎骏导演，久石让配乐"从此成为吉卜力动画电影的标配。

曾经有一位忠实的音乐迷这么说："一听久石让的音乐，总会浮现宫崎骏动画的画面。他的音乐太有治愈性了，糅合了复杂的情感，在悲伤哀怨中，流露出甜蜜与希望，在轻快的音乐中，表达着童真与希望。"

久石让说："认识宫崎骏是我一辈子最高兴的事。"

宫崎骏也说："实在没有比认识久石让更幸运的事了。"

二人是人间难见的知己，是艺术上的最佳拍档。

很难说到底是宫崎骏成就了久石让，还是久石让成就了宫崎骏。出乎意料的是，宫崎骏和久石让见面只聊动画和音乐，甚至从来没有一起吃过饭喝过酒，两人的"君子之交"就这样维持了三十多年。

2017年，宫崎骏复出后，筹备着他的下一部作品。他给在巴黎开音乐会的久石让寄去了一封亲手写的信："久石让先生，陪我完成最后的工作吧。"

找到生命中的关键人物，
你才能脱颖而出

美国成功学大师卡耐基总结成功经验时，曾有一条重要的结论，即"专业知识在一个人成功中的作用只占15%，而其余的85%则取决于人际关系"。这是他通过长期的研究所得出的。

很多人对此都表示惊讶不已：人际关系真的有那么重要吗？

有。而且其重要性比你能想到的要多得多。毕竟，一个人的力量总是有限的，用著名人际关系学家哈维·麦凯的话说："虽然你不能阻止世界改变，但是你的能量还是比你想象的要大，因为你可以借助人际关系的力量，完成自己不能完成的事情。"

法拉奇绿讯营销咨询顾问公司的创建者和首席执行官基思·法拉奇在《别独自用餐》一书前言中说过这样一个案例：

2008年，22岁的艾略特·彼斯诺成功拿下父亲公司的内刊发行业务。

当时，彼斯诺的公司成长得非常迅速，他已经感到管理乏术。彼斯诺认识到，自己缺乏理论知识，但他也从没想过去商学院充电。毕竟，他处在商场实战的环境中，需要的不是书本上的知识，而是前人的经验。

接触到《别独自用餐》后，彼斯诺开始重新定位自己的问题：

他真正需要的是，有人为他指点一二，告诉他如何管理一家迅速成长的公司。这不是知识的问题，而是人脉的问题，问题的答案自然也只与人有关。

按照本书的指示，彼斯诺制订了"人脉行动计划"，列出了自己的目标，以及所有可能与他分享成功经验的企业家。接着，他拿起电话逐个联系他们，并抛出了一个令人难以拒绝的邀请：免费滑雪一周。为此，彼斯诺的信用卡刷掉了1.5万美元。但是，他成功地把这些成功人士聚集到一起，让他们为初入商海的年轻人指点迷津。当然，其中主要受指导的对象是彼斯诺，他要的不仅仅是商场上的成功，更是人脉的成功。

当然，其中主要受指导的对象是彼斯诺，他不但在聚会上拿到了一笔投资，还成功建立了自己的人脉圈子。

在市场销售打项目的时候，有一个核心因素是客户方的KP，KP就是"Key Person"（关键人物）。在客户的决策链里面，到底谁最后拍板说了算？又有哪些左右手能影响大Boss的决策判断？哪些人是"县官不如现管"，在项目执行过程中跟自己有更频繁的接触？

在这些不同角度有着不同影响的人之中，确定了KP，就踏上了拿下项目的正确方向。

因此，人脉重要，KP更重要。从人生发展轨迹上看也是如此。

京剧《萧何月下追韩信》就是个活脱脱的KP促成的"封侯拜相"的故事。

楚汉相争时，韩信因在项羽帐下不得重用，辗转到达褒中时被夏侯婴引见给相国萧何，得萧何器重。萧何几次三番向刘邦举荐韩信，却被刘邦以韩信出身低微为由，不肯重用。

韩信见此，便留诗一首，乘夜色弃官而走。萧何听说韩信离去，深恐失去人才，不顾道路艰难，拼命追赶，在见到韩信时激动地唱道："是三生有幸，天降下擎天柱保定乾坤。全凭着韬和略将我点醒，我也曾连三本保荐汉君。他说你出身微贱不肯重用，那时节怒恼将军。跨下了战马，身背宝剑，出了东门。我萧何闻此言雷轰头顶，顾不得山又高，水又深，山高水深路途遥远，忍饥挨饿来寻将军。望将军你还念我萧何的情分，望将军且息怒暂吞声你莫发雷霆，随我萧何转回程，大丈夫要三思而行。"

韩信深受感动，与萧何一同去见刘邦。这时，萧何锲而不舍的举动再加上张良的举荐信，刘邦终于意识到韩信就是他寻觅多时的军事人才，于是封他为大将军。从此，韩信点兵，帮助刘邦夺了天下。

萧何懂韩信，懂他的才，懂他的性格，不视他为威胁，因此不遗余力举荐他。于韩信来说，萧何改变了他的人生轨迹，是不折不扣的KP，更是他的贵人。

但是我们也必须理清一个概念：贵人≠有权有势的人。

因此，那些生命中闪耀着光华的人们，或平凡普通，或功成名就，或高谈阔论，或良师益友，都有可能是我们的贵人。

曾经有一部影片，非常触动我，那就是根据真实人物改编，于2010年上映的美国电影《自闭历程》。

主人公坦普·葛兰汀是一个患有自闭症的小女孩，她的妈妈为了抚养她吃尽了苦头。尽管医生认为她完全无法像"正常人"那样生活，但是她妈妈仍然没有放弃希望，抱着试一试的心理将她送到一所针对自闭症患者的寄宿学校去接受教育。

在这里，葛兰汀认识了自己的恩师，曾经在NASA工作过的卡洛克博士。卡洛克博士没有放弃这个对人疏离、时不时敏感尖叫、不让人触碰的孩子，而是通过仔细观察，发现这个女孩是个记忆天才。葛兰汀的视觉记忆能力非常好，可以说是"过目不忘"。她用图像来认知这个世界，并且毫不费力。

在恩师的指点下，葛兰汀明白了自己的优势，还顺利考进了大学，而且因为自闭症的特殊经历，启发了她对畜牧场里的动物感知的思考，找到了自己的研究方向，对农场的饲养和屠宰方式进行了大刀阔斧的改革。

最后，葛兰汀成为卡罗来纳州立大学的畜牧学和动物学教授、农场设计专家、作家，还为向公众普及如何对待自闭症患者而四处宣讲。

难以想象，如果不是葛兰汀母亲的坚持，如果不是卡洛克博士的慧眼识珠，这个自小孤立的孩童怎么会有如此灿烂的人生。

不可否认，的确有不少站在金字塔尖的人天赋异禀，但是天才必然是少数。人和人之间的智力差距并没有我们想象中的那么大，或者说，在人生这一场马拉松中，没有人们以为的那么重要。

很多人都感觉自己平凡无奇，认识的人也很有限，所谓人脉啊贵人啊，离自己太遥远了。于是经常听人抱怨：

"我们家又不是皇亲国戚，现在这个社会这么现实，没钱没势的人，还是不要浪费时间力气去攀高枝。"

"我似乎认识很多人，也花了很多时间跟各种朋友泡在一起，但是到了关键时刻，也没什么人能站出来帮一把……"

"我们工作中也接触到不少高大上的人，但是这些转化不成真正的人脉，除非真正有工作对接，其他时候搭不上话。"

但这些都不是正确的人际交往态度和该有的原则。

要知道，我们的生活中人与人之间的关系有这样一个规律——不开放、不跟他人发生能量交互，生命只会越来越封闭和凋零。

人生就是一场旅程，抓住几个关键人物，把他们变成自己的贵人，就可能把一手平庸的牌打到王炸。

KP既然如此重要，那么如何找到他就成为你建立人脉的重中之重了。

KP往往会有以下几个特点：

第一，他必须喜欢你。

第二，你有花时间和精力维护你们之间的关系。

第三，他在你要立足或发展的领域拥有一定的发言权。

第四，他了解你的天赋或你取得的成绩。

第五，他有更好的人脉资源，并且愿意帮助你。

只有满足了以上五点，这个人才是对你的成功至关重要的KP。

从你的角度来说，你也有自己必须要做的"功课"。

你得把自己手上的事情办好，并且要高于别人对你的期待。这样你才能被人注意到。

这个道理很简单，要想得到KP的赏识，他得先欣赏你，才愿意花时间和精力去认识和了解你。职场上就更不用说了，你工作完成得越好，同事或者是上司都会注意到你，你获得的关注度越高，口碑越好，你的声誉就会传播得越广。哪怕这位贵人之前和你并没有什么太深的交集，但是知道你的优秀，就大大增加了他利用他自己的人脉去引荐你的意愿。

远离损耗你的人和事，
把能量用在增值上

要远离损耗你的人和事

这年头，大家感觉到周边的戾气很多，似乎总有那么一些人总把阴暗和愤怒的能量传播得到处都是。

如果团队里有人升职加薪了，他要么是关系户，要么就是会拍马屁；

一个人创业成功了，要么是有个好爸爸，要么就是做了乘龙快婿；

…………

这就是典型的损耗型的人。

他们习惯性地怨天尤人，整天抱怨。眼里只会盯着某一些客观原因，只能看到最不好的一面，对真实情况和别人的努力，刻意视若无睹；

他们习惯性地以最灰暗阴险的角度去片面解读别人的出发点和行为，认为一切是阴谋，万般皆恶人，是真正的"以小人之心度君子之腹"；

他们永远选择用最低级和恶劣的态度，去挑衅、指责和激怒别人，沉浸在自己的臆想之中，再印证式地自我安慰：你看吧，果然是我想的那样；

…………

你的生活里一定会遇到这种永远散发着负能量，永远阴郁、易怒、极端的损耗型的人，请记得第一时间远离。

如果说这种明显的言行还容易察觉，那么有一种隐性的"损耗人"，更要打起精神来去辨别。

近年来，大型超市里陆陆续续开始普及自助结算柜台。就是自己选好商品，推着购物车来到自助结算机面前，逐一扫描后用手机买单。全程没有人工服务。

商超的初心是为了节省人力，减少薪资开销，但是慢慢地，他们却发现了一个新的问题：自助结算柜台的货物流失率非常高！很多人故意漏刷几件商品，再偷偷地装进自己的购物袋。

这种行为等同于盗窃，可是人工柜台上大家都老老实实买单，怎么到了自助结算柜台就变样了呢？

后来通过调查发现，这些故意漏买的人，也不是惯性的小偷，他们就是生活中的普通人，可能是走在街上看见前面的路人掉了钱，都会毫不犹豫叫住别人把钱递过去的人。

那为什么到了自助结算柜台就会动作走形了呢？因为人的心理在作怪：当人们觉得面对的是机器，不是一个人，没有监督的时候，就容易产生侥幸心理，心底的小恶魔会很大程度上被释放出来，故意使坏，故意丑陋，故意破坏。

不要小看人心底的恶魔，这是深藏在每一个人底层的本能阴暗，一旦失去有效的大众监督，就会防不胜防地冒出来。

这就是在家庭场景下的隐形损耗和冷暴力。

在小家庭场景里，一关起门就与外界世界暂时隔离了。没有外人看着，没有社会角色，人性里最真实、最本性的一面暴露无遗。

很多人在外面位高权重、衣冠楚楚，回家后卸下了终日佩戴的面具和伪装，似乎变成了另外一个人。

比如在外面天天笑眯眯、对人热情又和气的人，回家对着家人可能一天到晚一句话也没有，不闻不问，漠不关心，似乎要把这辈子所有的冷漠都在家里释放掉。

有一些人看起来斯斯文文、知书达理，回到家里变得无比挑剔和易怒，这也不好那也不对，因为一丁点小事就大发雷霆。

家庭暴力、冷暴力，其实也很多，只是家丑不外扬，当事人往往都选择息事宁人，在外面要个面子，鲜有人知道而已。

无论是明显的或是隐性的"损耗人"，都是我们必须辨别和远离的对象。人生的时间和能量特别宝贵，千万不能浪费在消耗你的人和事上面。

千万不能陷入"死磕"

我有一个朋友是小网红，刚火起来的时候她很高兴，稍后就开始苦恼，因为关注的人逐渐多起来，就什么声音都有。其中有些网友的评论的确是很过分，于是她就一条条删除和回击评论，终于把自己累趴下了，也气得够呛。

这时她向我吐槽：这些人真是不可理喻，素昧平生，根本不认识我，不了解情况，就开骂，我招他们惹他们了？

我只好回复她一句：人们只相信自己愿意相信的东西，而不在乎事情的真相。理性而又能独立思考的人，在哪个时代都是少数。

生活中很多这样的例子，因为一件事情跟某个人"杠"上了，你不让我舒服，我也不会让你好过。大不了拼个鱼死网破，也咽不下这口气。

嘴巴长在别人身上，行为只受自己大脑控制，所以我们极难去影响和控制他人。碰到"损耗型人"，不要置气，不要陷入跟他们"死磕"的泥沼，那是一个陷阱黑洞，目的就是消耗完你宝贵的精气神。

纠缠小事和烂人，最后可能会酿成大祸。

挪威心理学家诺德斯克21岁时曾在军队服役。某次半夜军事演习，紧急集合，他来不及系好鞋带就匆忙上场。

于是在整个演习过程中，他都始终在想着自己那根没有系好的鞋带，万一鞋带松了把自己绊倒了怎么办？结果，鞋带没有出问题，他却因为注意力不集中导致左腿中弹，从此比右腿短了2.7厘米。

由此，他提出了一个著名的心理学定律——心理衍射论。用通俗的话来说就是：因小失大，越陷越深，最终，小事件造成了无可挽回的结果。

我有一个电商行业的朋友，是我见过的生活状态最好的人之一。他似乎没什么烦心事，吃得好睡得香，事来则应，过往不留，从未见过他有什么长吁短叹、激愤难平的时候。

他的公司目前规模是8个人，年营收几千万，粉丝500万，但人红是非也多，每天也有无数连本人都没见过的人在网上评论他、骂他，可是他从来不放在心上。生活中真正接触过的都知道他的为人：平和大度，慷慨大方，亲善有加。可能有人会说，如果我事业这么顺利，心情也会很好。

可是在他最落魄的时候，因为创下业绩，反而被大股东忌惮排挤出公司。他不但没有得到应得的分红，投入的资金也血本无归。好不容易东山再起后，因为一次挫折，他又被拿走所有的积蓄和财产，重新一穷二白。但是他并没有气馁，而是再一次白手起家，重新拼搏。

每一次重大的打击和创伤背后，他都是休息之后，决定忘记，归零，重新开始。都是仅仅背着一个包，装上两件衣服，重新租个小房子，又踏上了新的征程。

诚然，无论放在谁身上，创业失败、负债、离婚都不是一件小事。可一旦和整个人生相比，这些问题就是小事，而且还是一些烂事。

人生虽如白驹过隙，却也有慢慢几十年的时光。一些挫折失败，固然在当下令人痛不欲生，但是我们应该明白，只要心怀希望，明天会更值得憧憬。

因为愤怒别人的不仁不义，想尽各种办法打击报复，纠缠不清，不死不休；

因为遭受了婚姻的背叛，宁愿耗尽自身的幸福也不肯离开，为的就是不让别人"称心如意"；

…………

这些伤敌八百，自损一千的做法，就是因为心中窝火，咽不下这口气。可是如果认真回想，这些烂人烂事真的值得你付出那么多，一直纠缠深陷吗？

毕竟发泄容易，戒急用忍难啊。却也只有戒急用忍，方能行稳致远。

那些耗费在算计、厌恶里的时光，如果用来做正能量的事，放在自我增值上，是不是才是对那些你讨厌的人最好的回击呢？

无论是那些无法修复的关系，还是那些不堪回首的过去，就应该果断放弃，千万不要选择"死磕"，不要用自己宝贵的生命为他人的错误买单。

一个豁达通透的人会向前看，他明白不如意之事是生活的常态，不必放在心上，不必在意认真。只需要吸取教训，把经验化作下一次成功的泥土，最终你失去的东西，会在将来开出灿烂的花朵，以另一种更好的方式归来。

个人 IP 和价值才是你的王牌

如果你是一个成功人士，你会把机会给哪一种人，是默默无闻、没有什么印象的人，还是大家对他都有相对一致的正面评价，身上有着鲜明标签的人呢？

我的一个闺密是一位世界500强的人力资源总监，她曾在一次喝咖啡闲聊的时候，跟我感叹："人在职场的成功，一半靠能力本事，一半靠口碑宣传。"

大家都知道做生意已经不是"酒香不怕巷子深"的年代了，知道在好产品的基础上，营销为王。

不少人会问，每一个人都能有个人IP吗？答案是肯定的。

有一句话，大家都很熟悉："再小的个体，也有自己的品牌。"

只有当你拥有自己专属的个人品牌，能够为他人提供自己的核心价值时，才能收获更多的关注和资源。

从前，有个国王要出门远行，临行前交给三个仆人每人一锭银子，吩咐道："你们去做生意，等我回来时，再来见我。"

国王回来时，第一个仆人说："主人，你交给我的一锭银子，我已赚了十锭。"于是，国王奖励他10座城邑。第二个仆人报告："主人，你给我的一锭银子，我已赚了五锭。"于是，国王奖励他5座城邑。第三仆人报告说："主人，你给我的一锭银子，我一直包在手帕里，怕丢失，一直没有拿出来。"

于是，国王命令将第三个仆人的一锭银子赏给第一个仆人，说："凡是少的，就连他所有的，也要夺过来。凡是多的，还要给他，叫他多多益善。"

这个故事出自《圣经》。1968年，美国科学史研究者罗伯特·莫顿提出了"马太效应"这个术语，用以概括一种社会心理现象：相对于那些不知名的研究者，声名显赫的科学家通常得到更多的声望；即使他们的成就是相似的。同样，在一个项目上，声誉通常都会归到那些已经出名的研究者身上。

一个人金钱、名誉、地位的积累，都会产生一种优势。周围的环境和人们将给予他更多的关注和支持，他也会有更多的机会取得更大的进步和成功。

移动互联网时代，是一个去中心化的时代、一个碎片化的时代，因此注定了这是一个全民自媒体的时代，每一个人都可以为自己发声。

虽然不是人人都能做全网的红人，但是借助于移动互联网的工具，每个人都可以拥有自己的IP。因为每一个人都是鲜活的、独一无二的，每个人都能有自己人格化的IP。

打造个人IP共有两个要点：

第一，定位出自己垂直细分定位的人格化IP；

第二，为他人提供价值，这是核心。

定位出自己垂直细分的人格化IP

在全民消费升级的今天，消费者对产品越来越挑剔，关注也越来越难获取。一种趋势已经浮现：只有具有人格化特点的IP才有吸引力。无论是个人运作、公司账号还是官方网站/公众号等，只有透露出人格化魅力，用讲故事的形式，具有情感、生活、工作、搞笑等特点，用户才有黏性。

而我们做个人品牌定位也是如此，无论是创业，还是在职场，人格化属性的前提是，基于垂直细分领域，有专属于自己的独特的标签。

首先要分析，我的行业、专业能力、沉淀是什么；

其次是我客户的需求是什么；

将以上问题的答案提炼成几个关键词，越简单越好，越符号化越好。最后显性化为代表个人IP的名字、标签、外形、故事分别是什么。

个人IP=个人（非公司）垂直细分的第一定位+超级符号/名字(特点、行业符号、关系称呼)。

举个例子，很多人在自我介绍的时候都会说自己是某某公司的总经理、总监，但是这没有用，因为形成不了记忆力。不信你可以问一圈，当你说完自我介绍的五分钟后，在场90%的人都不记得你是啥公司的，具体是干什么的。

但是，借助超级符号、鲜明标签或者名字，就能让人印象深刻，所以要极度重视你的个人100字简介。那该如何做自我介绍呢？

超级符号+个人细分领域第一定位+超强背书（故事案例、数字直观记忆）+能够提供怎样的价值。

建立个人IP，是为了让大家更好地记住自己，让自己的社交以及获取关注的成本大大降低。

以我个人为例，我的个人介绍是：我是姜斯斯，江湖人称姜校长（校长是一个超级符号，关联教育培训行业）。八年华为工作经历，足迹遍布全球20多个国家，目前是新个体创业领域的作家（个人细分领域），帮助了上万年轻人创业，能够为女性创业者提供新时代个体创业的商业辅导（提供价值）。这个就是完整的、基于个人IP的自我介绍。

只要你有自己的特长，就能输出自己的价值，就能成为一个窄众领域的意见领袖。

在找自己人格化标签的时候，要结合自己的经历、性格特点、能力特长深度挖掘细分目标人群的心理需求，精准地打到痛点，引起共鸣。因为只有这样虚实结合，定义出来的标签特点，才能既真实，又有用。

提供价值，不断强化他人对自己的信任度

在与个人IP定位的相关领域持续地提供价值，就是在一次次地积累别人对你的信任感，从而形成个人IP的黏性。当信任感突破临界值，后期的经营和变现也就非常容易了。

在很多社群里，那些善于分享，每次出场都以干货傍身的人，看似奉献比较多，其实他们的收获更多，因为提供价值是建立个人IP的核心环节之一。

大家从你的价值输出中判断你的价值，是否值得信任，也评估是否会跟你进行下一步合作，是否愿意认可你。往往就是因为你用干货内容彻底打动了他们，他们才选择了参与到你的项目中来，后续为你提供支持和帮助。

建立自己的核心价值，可以是不断地输出自己领域的专业知识以及干货（专业的能力），也可以是一个为人处世的标签化能力——比如靠谱、细致、严谨等（做人的能力）。

在我们的人生道路上，正是因为一次又一次地强化核心IP和价值，更多的机会和相关的资源才会汇聚到我们身上，最终成为我们的个人品牌。

第五章

让财富轻松增值，
做独立自主的高级女人

学会追求财富的你，
才能活出高级感

女性比你想象的更勤奋，也更爱追求财富

据2010年一项关于全球35个国家劳动力的性别调查显示，中国的女性劳动参与率达到了70%，排在世界第一！澳大利亚、新西兰的女性劳动参与率为60%，美国女性的劳动参与率为58%，法国女性的劳动参与率则为50%。

2017年，世界胡润富豪榜发布了一份全球各国白手起家女富豪排行榜，12个国家，88名女富豪上榜。其中中国女性达56位，占据64%！其中，前三名均为中国女性，而前十名里也有6位是中国女性。

在此之前，纽约工作生活政策中心做过一项研究，研究数据显示约有76%的中国女性渴望高职位，而在美国，这个比例只有52%。

这些调查结果刷新了人们脑海中有关中国女性对财富态度的固有印象。

有媒体曾专门对此做过调查，并总结出中国女性追求财富背后的原因：

1. 由于家庭的束缚，中国女性对独立有着强烈渴望。经济独立则是一切独立的基础，随着中国女性的独立意识越来越强，绝大部分女性都愿意拥有自己的职业，靠自己的能力赚取供自己支配的收入。还有一些女性颇具"野心"，仔细规划着自己的事业，甚至在不少领域取得的成就完全不亚于男性。

2. 中国女性普遍高情商，使得她们在职场上如鱼得水。女性天生情感就比较细腻，对于情感的体验、领悟、思考往往会比男性更多；同时，女性被社会赋予同事、领导、女儿、贤妻、良母、媳妇、姑嫂等角色，既要和社会上形形色色的人打交道，又得处理复杂的家庭关系。中国女性在这种环境中，很容易练就高情商，足以应付这个世界。

3. 中国女性受教育程度高，更适应迅速发展的经济形势。对比印度、巴西的女性，中国女性的受教育程度偏高。很多中国女性都接受过系统教育，其中还有不少接受了大学高等教育。更重要的是，她们的学历优势并不妨碍她们勤奋努力。

实现财富自由，你才能为自己的幸福买单

亦舒在《承欢记》里说："生活上依赖别人，又希望得到别人尊重，那是没有可能的事。"

就如电视剧《我的前半生》里的罗子君，在当了八年的家庭主妇之后，接到丈夫给的离婚协议书。

原来允诺"我负责挣钱养家，你负责貌美如花"的丈夫最终出轨了。把全部赌注压在丈夫身上的子君，完全与社会脱节，没有事业，更没有工作技能，却养成了一身锦衣玉食的娇惯毛病。到离婚

的时候，因为缺乏经济来源，甚至都无法争取孩子的抚养权。

她在接二连三地遭遇无情打击后才真正认清自己的处境。最后，靠着闺蜜唐晶和其男友的帮助重新进入职场，在自我成长中开启了人生的新旅程……

到这时，罗子君才感叹道："自己挣钱买花戴，花儿才永远会发光。"

"自己挣钱买花戴"，是一种独立生活的能力和底气。

只有财富自由，你才能为自己的幸福买单。

在独立成长的道路上，女性都必须坚持自我，坚持对世界、对学习、对人性、对关系进行深入思考，进而变得成熟。唯有这种成熟、独立和成长，才能给女性带来更多的、更成熟的空间和格局。

小崔是我的朋友。在一个女性创业晚宴上，她打扮得非常漂亮，挽着得体、雅致的发髻，站在聚光灯下，分享了自己近两年的创业经验。当分享结束，掌声响遍了全场的时候，那个瞬间，我仿佛见到了两年前，跟我一起坐在冬日阳光下的她。那个时候的她，刚生完小孩没有多久，身形依然臃肿，向我哭诉着她跟先生之间的矛盾。她痛苦、迷茫，找不到解决的方法和出路。

于是，我跟她说，为什么不尝试着暂时把这些问题先放下，先做一些其他的事情，让自己成长起来，强大起来。也许将来，当你回头再面对这些问题的时候，会有另外的一种视角，会有自己现在想象不出来的解决办法。

就这样，小崔义无反顾地开始了她的创业之路。在创业的两年中，她经历了很多从未面临过的挑战，那些彻夜无法成眠的思考，面对未知的压力和焦虑。但是这一切的一切，都没有浇灭她心中那团"我想变得更好"的火焰。在一次一次的考验和挑战中，小崔咬紧了牙关，并没有放弃。

当她的项目逐渐进入正轨的时候，小崔惊喜地发现，这两年中，除了收获一个创业项目的初成，更收获了很多对于人际关系的思考、对于事物本质分析的能力、为人处事的方法和技巧。随着自己的强大和成熟，那些曾经无法解决的问题，早就已经不是问题，她甚至可以游刃有余地去面对和解决。

这就是一个女人经由事业和财富的成长，变得更加智慧、理性和成熟。这些特质，都将会大大有益于你对家庭关系的处理。

千万不要相信所谓的事业上做的成功就是女强人。

现在的女性正是由于人格的独立、事业的成功而变得更加开放和包容。所有的这一切，最后将使得她们生活中的每一个方面都变得越来越好。

当你依偎在一个人怀里的时候，还有自己的底气；当你在外面打拼的时候还有一个温暖的港湾。这一切的一切难道不是相辅相成，越变越好吗？

你和财富自由的距离，
差的只是钱吗

胡润在2018年1月发表的有关于财务自由的报告中称，如果生活在中国一线城市，实现财务自由的标准是2.9亿人民币。

有网友调侃说："我有2.9，就差一个亿了。"

但是，一个人的穷困，真的是差在钱上吗？

很多人觉得自己很穷，只是因为自己没有天赋，甚至归结于自己的资源不够好，没有所谓的机遇。很少有人把自己的穷困归结到自己的思维方式上。

这忽略了一个人和人最本质的差别——认知。

对世界运行规律、对商业本质理解、对自我分析定位、对人际关系底层逻辑的认知，这些认知的深浅就像一把无形的手，左右着我们每一天、每一刻的每一个决定和行动。而这一切在经年累月的累积后，更固化为我们的世界观、价值观，也就是我们对于自我、他人、世界的认知。

对金钱的认知和驾驭能力——这种财商思维使得富人越来越有钱，并且寻求各种途径，让钱为自己工作。他们通过资产的积累，不但从中获得了现金流，还拥有了相关权益。

与之相比，普通人则只能不断为了追求短期的金钱积累而出卖时间，也就是说富人关心的是资产，普通人关心的是现有收入。

认知不仅会拉开财富层级，也决定了我们的生命质量。

据我观察，生活得从容的女人，她们对人性有着比常人更深刻的认知，她们更信任逻辑，不断迭代着固化的思维，替换自己的弱者心态，将自我成长看作最为重要的事。我们不仅要提升自己的颜值和财富，还要提升自己的认知。

认知提升了，财富和生命质量将随之上升。

那么如何提升认知呢？

人的认知是螺旋式上升的。

我们说读书要"先把书读厚，再把书读薄"，意思是第一次读的时候，发现很多东西不明白，于是翻查资料、记笔记、写心得，增加了很多东西，于是把书"读厚"了。

当我们对书上的知识了然于心的时候，就可以删繁就简，择其要点，不需要洋洋洒洒厚厚一本，可能只提炼出来几句话就够了，这是"读薄"。

学习和实践也是这样的过程。

先学习理论、方法论：这件事是如何定义的，能解决什么问题，达成的途径方式是什么等，脑袋里面有一个大概的理论框架。

再到现实生活中动手去做，去实践。在落地的过程中，我们一定会产生很多困惑、不解、新的认知和感悟，这个时候再回到方法论中去审视、检验、融合和创新，更新成自己独有的方法，再去实践中总结。

　　不断地在理论和实践中循环，不断地提升自己。人的认知不会一蹴而就地爆发式增长，这个过程可能还有停滞、有倒退，但是总的趋势是向前发展的，所以要坚持。

　　这就像爬楼梯一样，随着一级级台阶的升高，会看到不同的风景。随着认知力的提升，新的信息和机会就会涌入你的世界，原来同样的事物在你眼里也会变得不同，认知的提升让你的视角变得更加真实和全面。

　　职场的精进、创业的方向、投资的选择、财富的累积，无一不源于认知的视野和格局。对于机会还是陷阱的判断，对于进度快慢的把握，对发展或是没落的趋势的甄别，你的认知都决定着结局。

　　一个人的一生，通常都会遇到几次大的机遇。我们一起回顾一下，在过去的二十年里，每当有普通人可以参与的风口或者全新的趋势出现的时候，当时的你都在忙什么。

　　1999年，被社会认为是"不务正业"的股民，实现了财富自由；

　　2000年，抄底互联网的人暴富了；

　　2002年，买房的人成为富翁；

　　2005年，做电商的人，抓住了一个超级风口；

　　2008年，4万亿投资计划让一部分人改变了生活；

　　2013年，微信号、公众号又放出了一波红利，很多人实现了百万富翁的梦想；

　　2014年，微商"百花齐放"，各种玩法层出不穷，不少品牌商抓

住微商带来的机遇得到快速发展;

2016年,万众创业;

2018年,短视频爆发,抖音、快手等短视频平台崛起,各大互联网巨头入局,资本和流量涌入,很多普通人摇身一变成网红达人;

…………

有多少人拍大腿,后悔错过了一次又一次的机会,却依旧对自己固化的认知视而不见?

正是认知固化,才导致你在一个个风口来临的时候看不上、看不懂、追不上。

保持敏锐,保持好奇心,保持对未来的敬畏和热忱,不放弃对自己认知的迭代,永远谦逊地学习,才是拥抱新趋势和新事物的最佳方式。

回到我们作为个体的生活里,我们也需要对自己有清楚的认知,只有明白自己处于生命的哪个阶段,才能更敏锐地识别提升财富和生命质量的机会。

一般而言,大约每七至十年就会有一个阶段的人生变化:

0-18岁,在原生家庭成长和在学校读书,还无法感知外面世界的风起云涌。

18-28岁,初入社会,在积累最开始的工作经验、社会价值观。当机会来临时,因为还太年轻,不容易抓住。但是这个年龄阶段的人有着对世界异常执着的渴望,也没有太多的经济压力和家庭负担,投身创业后如果能不断试错,累积经验,也有相当高的成功率。

28-39岁，正值人生最旺盛的年纪，很多人在自己耕耘的领域已经有了一定的积累，小有成就。这个年龄段的人富有冲劲，对创造财富和未来的美好生活有着非常大的向往。

39-45岁，从政的、从商的、治学的都取得了不错的成绩，这时候人至中年，也是社会的中流砥柱。这个阶段的人社会经验丰富，人脉积累深厚，浸淫某个行业多年，身体精力尚可，是创业的第二个黄金时期。

45-60岁，这个年龄段对更多人来说，比较难开疆辟土抓住一个崭新的机遇。机遇带来的反转性和突破性减弱了，在原有事业的基础上带来一些锦上添花的增长还是可期的。

60岁后，守业或者退休。

综合社会变化产生的新机会和人们成长的不同阶段，人在一生中能够好好甄别和抓住的、改变人生命运的，可能就是两三次重大的机会。

因此，定好自己的位置，看清楚世界的方向，不断提升自己的认知能力，才能跟对人，做好事，让选择不再盲目，让目标更加清晰，从而实现实力和财富的增长。

财富深刻的意义，不仅仅在于金钱本身，更在于你在赚取的过程中，主动开启了困难模式，领略了一个别样的世界。当你拥有更高的格局、更高纬度的思考方式、更娴熟的处世情商、更专业的技能知识时，财富不过是水到渠成的结果。

贫穷不可怕，
可怕的是你不做出改变

很多人天天都在说："啊，我好想赚钱，我想成为富婆，要是我中个500万就好了。"但是世界上哪有天上掉馅饼的事情呢？我们每个人都有自己的梦想，但是如果梦想只停留在梦中，不去付出实际行动，梦想永远不会实现。你只能眼睁睁地看着其他人升职加薪、创业成功、获得荣誉，自己还在原地踏步，继续自怨自艾。

晚上想想千条路，早上起来走原路

马云在一次演讲中说："我看了太多的年轻人晚上想想千条路，早上起来走原路。"

大家都想一夜暴富，可一夜暴富只是骗人的神话，所有财富的赚取都需要脚踏实地，扎扎实实的努力。

这种努力应该是一种心里最深处对成功、财富、成就的渴望，这种渴望会深深地燃烧着你内心的激情，并把这种激情化作实际的行动。

每天早上在闹钟响之前，这种激情会让你睁开眼睛；每天晚上在被催促了无数次以后，你躺在床上仍然在琢磨着工作和项目；风吹日晒的路上，没有时间拂去落在衣领上的汗珠，而是在思考着见到客户以后，怎么样能够更打动对方的心。

如果没有付出实际行动，没有做出改变，你就会在原地踏步，甚至一直待在坑底。

马云鼓励想创业的年轻人："创业一定是改变昨天的状态！"

可见，贫穷并不可怕，可怕的是你不做出改变。

改变有很多好处，但是为什么还有那么多人无法改变，或者说即使改变有了良好的效果也无法坚持下去？

为什么改变这么难？

意识决定行动。

美国心理学家杰弗里·科特勒就指出："很多时候，人们之所以没有做出改变，是因为他们对自己的行为及其背后的原因并不自知。"

具体来说，改变之所以停留在口头上而非行动上，其问题就出在意识上。一则是我们并未真正、清晰地意识到改变对我们的重要性；二则是我们对改变带来的结果的未知心怀恐惧，即我们总是会隐隐担心事情并不一定会变好，于是倾向于维持"看得到"的现状；三则是人们在做出重大改变之后，往往会产生一种"历史末日的错觉"，自以为日后很难再有更大的改变。

但事实上，改变是容易的，无论是改掉坏习惯、培养好习惯，还是学习新方法、形成新见解都并不难。

4个tips，让改变行动起来

我总结了大多数成功的改变共有的特征，给大家提供4个tips，让我们做出改变变得更简单。

1. 多思考改变的原因与动机

人的潜意识里自然而然地对不适感产生抵触心理，因此就会十分矛盾。在我们需要改变的时候，往往会想改变又不想放弃熟悉事物。这种矛盾的心理会直接阻碍我们采取实际行动，这时，我们就要多去思考改变背后的真正原因和动机。

这里值得注意的是，要想真正地做出改变，就得学会识别和避免"隐藏利益"。心理学家指出，即使最自暴自弃的行为，人们还是能"享受"到某些隐藏的好处。这些好处被称为"二次收益"，能继续强化行动，提供一些不能立马看出来的好处。换句话说，所有的行为之所以存在，是因为它对人有用，尽管它可能有很多负面的边际效应。

例如，有些小朋友很容易在考试前生病，哪怕接受了专业的治疗，依旧不见好。实际上，小朋友是借着生病暂时逃避学业和考试的压力，同时享受被父母关注的感觉，因此也没有多少动力让自己"恢复"健康。

2. 大胆想象改变对于我们的意义

如果你想尽快改变，不如大胆想象它带来的"回报"吧。

因为一旦能"看见"改变现状带来的回报，那么从逻辑上来说就会增强我们做出改变的动机。回报越丰厚和具体，我们就越容易激励自己调整日常的行为习惯和模式。

改变的回报往往体现在三个方面：

首先，改变符合我们接受挑战、尝试新事物的本性，可以进一步丰富我们的生活，并为之带来更多新的可能性。

其次，世界总是无时无刻变化着的，改变是常态，并不会因为我们的不改变而保持现状。那么选择改变，至少能让我们比别人更多一点主动性，也更容易抢占先机。

最后，改变可以提升我们的影响力。

2015年，被网友评为"史上最具情怀的辞职信"——"世界那么大，我想去看看"不知触动了多少人。

这位任职十一年的女教师的"任性"辞职，直接影响了众人对自己工作意义的思考，以及对另一种生活可能性的向往。

3. 列举改变的好与坏，明晰改变结果

在你拿不定主意要不要改变的时候，建议你做一个表格，左边写出改变带来的好处与坏处，右边则列出维持现状的好处与坏处，这样两两比较，让你有个更直观的感受，从而打破之前的固有思维，更容易做出决策。这样，你就更容易接受改变，并且应对挑战。

4. 列出你的行动计划与标杆

无论是我们想要改变哪方面，都不要忽视榜样的力量。

你可以在确定改变的方向领域时，找一个榜样作标杆，然后向他学习如何思考行事，让改变有个具体的模样。

你还可以制订一个行动计划，给自己设置不同的周期（短期目标+长远目标）任务，用这个计划去检测改变带来的实际效果，使得自己能得到周期性的切实反馈，这样一方面会强化我们改变的逻辑背后的动机，另一方面也会增强我们的信心。

当你全身心地投入，不放弃自己内心最深层次梦想的时候，就一定会实现你所渴望的一切，那么财富当然一定会来到你的身边。

你要相信这个世界是有呼应的。你内心的能量和信念将决定着你的行动，而你的行动，在现实生活中逐渐积累和坚持的时候，也意味着你的梦想将会实现。

新个体时代：
女性轻创业实现财富自由

熟人时代归来

在如今的信息社会，地球另外一端发生的事情，我们马上就能知道。通信技术的发达，让一切信息的获取都非常快速。

信息容易获得的时代，给了我们大量的丰富的资讯，同时也带来了一个负面影响：信息爆炸。

在今天这个时代，信息和资讯塞满了我们每一秒的生活：早上醒来第一件事是刷手机新闻，开车路上要听广播员给你的信息，群里一会儿没看就几百条信息，连进电梯的这一分钟，分众传媒的小屏幕也不会放过你。

被无数信息簇拥的你最终会觉得很烦，这个时候怎么办呢？好想从线上回归线下，想看一看身边人的真实反馈。

我们去网上买东西，第一时间可能不是看产品介绍，而是去看评论区是不是？更好玩的是看评论区的时候，你可能会直接跳过好评，先看差评。因为你想听到真实的声音，而不仅仅是商家让你听到的声音。

人的这种消费习惯和意识，都是有它的底层逻辑的。这是很有意思的一个事情，在这个注意力稀缺的时代，人们逐渐回归小圈层。

因此，2019年被定义为后流量时代。

"微信之父"张小龙在2019年的新年演讲时举了个例子，如果一个商品摆在App里面，你浏览到了很可能不会买，因为所有的电商都是一样的。但是如果你在朋友圈看到了，你的熟人给你们推荐，恰巧你又有可能用得到的时候，你很可能会去买。

这是为什么？

因为人与人之间的信任，是基于线下这样的社交关系。

对于绝大部分产品而言，影响消费者购买的首要信息来源是他人或者熟人介绍。AC尼尔森的数据显示：91%的在线消费者不同程度地信任他人或者熟人所推荐的商品，远远领先于电视广告、网络信息、贴片广告等各种广告和信息传播形式。

网红张大奕大家都知道，前段时间在纳斯达克上市了。

在我们的后流量时代，一个人都可以去IPO。每一个个体都会有话语权，每一个话语权都会成为你成交的入口。怎么把自己的品牌价值做到最大，这是我们每个人都需要去思考的事情。

1米宽+100米深

2019年以前，我们定义为互联网时代的上半场，那是流量时代。

一个App要融资，大家关注的是你的注册量有多少，浏览量有多少，真实用户数量有多少，并以此来评估未来有多大的发展空间。

现在投资人看不看这套？也看。但是现在流量太贵了。

　　以前我们做实体店，正常来说只能覆盖到半径两三公里的自然流量，所以互联网和电商兴起这十年，实体店觉得越来越难做，因为成本高，同时没有网络上的巨大红利和流量。

　　如今网络电商的流量成本越来越高，可能占到营收的20%-40%，早些年线上开店那种如入无人之境的爽快，一去不复返了。所以现在无论是线上还是线下，都是流量奇贵，那怎么办呢？

　　以前我们挖一个池子100平方米，做1米深就可以了，因为这也有一池塘的水嘛。那现在还要蓄满这么多的水，因为流量贵，挖不到100平方米的池子了，我们要做的事情就是只挖1平方米的面积，但是要做到100米深。

　　做100米深的客户黏性。

　　2019年后，个体创业者的机会在哪里？

　　中国市场需求割裂、碎片化和空前分化，催生了无数片细小的蓝海空间。它们是为新创业者们量身定制的，没有人比专注、执着、精耕细作的个体新创业者们更适应这个崭新的历史机遇。

　　一个人既能讲出很多专业知识，又带温度带情感，大家就会对他有印象，会觉得他是活生生的、有情感有温度的人。

　　拿电商举例，如果只是暴力刷屏，大家就只想拉黑他。但是如果他经常展现能给你带来什么价值，他的思考、他的点点滴滴，当你翻他朋友圈的时候，他讲的东西能带来一些启发的时候，你就会被他吸引，进而认同他的价值。

　　这个时候虽然流量还是那些流量，质量和黏性就彻底不同了。

1000个粉丝足以让你做成一番事业，以后就可以做到把1000件产品卖给同1个人，而不是拿1件产品去卖给1000人。

未来的模式就是这样。

用螺旋式上升的认知力，不断地审视每一个看似传统的市场和需求，你会发现隐藏的新的诉求。找到它，满足它，用移动互联网时代下的新创业逻辑去实现它。

传统的360行，已经分化为36000行，每一个细分领域，都值得用个体新创业的方式做一遍。这是互联网下半场的盛宴，找准自己的定位，抓住一个重度垂直细分的领域，不停深耕下去，树立个人品牌，做好客户黏性。

这是时代送给个体创业者的礼物，要好好珍惜。

女性轻创业

有不少人问我："姜校长，什么是轻创业？"

女性轻创业源于如今周围的一种现象。

我身边很多从大企业大平台离职的人，尤其是做到中层以上，出来自己创业的，往往后面就没什么声息了。有人可能会说，你才能统计多少呢，你看谁谁不是成功了吗，还有谁谁拿了多少融资……

本来创业就是九死一生的事情，根本不光鲜亮丽，以前有人鞍前马后的领导感荡然无存，凡事都要身先士卒。摸爬滚打，拉下面子追着客户、安抚员工，四处救火，那是必须做的事啊。

还有以前的那些大客户，在你出来之初能照顾一下生意，已经是很善良了。不在其位不谋其政，等到第二年，除非你自己能在市场上杀出一条血路，人情饭也是吃了第一回没有第二回了。

很多人一出来创业，满心期望，眼高于顶，更是投入几十万、几百万元的积蓄，甚至负债，最后血本无归。这是常态。

所以，才有了"轻创业"这个词，用一种小投资、低风险、强现金流的方式开始个体创业。

个体轻创业的方法论闭环为：重度垂直定位——建立个人IP——自建粉丝池——转化客户——口碑服务裂变客户——联合发起人——基于用户升级商业模式，最终实现商业模式的正循环。

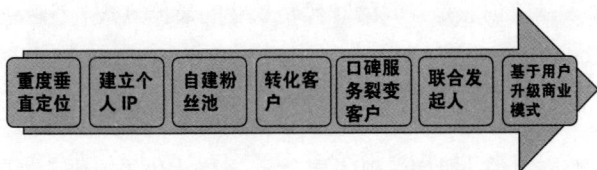

| 重度垂直定位 | 建立个人IP | 自建粉丝池 | 转化客户 | 口碑服务裂变客户 | 联合发起人 | 基于用户升级商业模式 |

新个体轻创业闭环方法论

轻创业的核心逻辑是通过细分定位下的个人IP吸引流量，沉淀至自己的粉丝池，再通过接入业务模式来成交客户。通过口碑运营将客户转变成经营者，然后基于自己用户实现商业模式的升级。

这两年，经济形势相比以前高速增长时期放缓了不少。现在的客户源，特别是流量成本、粉丝成本越来越高。实体店成本偏高，普遍不赚钱，大家都陷入价格竞争中，如果继续采用旧的创业模式没有出路。

但是当你拥有了轻创业理念，再加上移动互联网的思路，面对的将是一片创业蓝海。首先流量成本更低，其次从商业模式的维度上，跳出了价格竞争这单一的思路，如果创业就是跟人家比成本，看谁的成本更低，就没有未来。要调整思路，赚竞争对手看不见的钱。

新创业的逻辑是信任背书。人是活生生的、有情感的，这就是人的背书的力量。基于这个，我们应该受到启发：卖产品，不如卖自己。自己是一个有血有肉、有情感、有故事、有历史的人，自己才应该是最好的项目，自己才是最生动的品牌。

个人品牌创业是互联网时代轻创业的最佳方式。冷冰冰的公司、货架时代已经过去了，个人品牌比公司有温度得多。

自媒体头部的大号大家都知道：papi酱、罗振宇等，一提起他们，脑海里第一时间浮现的是："一个集才华与美貌于一身的女子""一个每天坚持更新60秒语音的知识网红胖子"。如果他们把名字都改成"×××信息技术或教育管理有限公司"，应该没人再去看了。

个人品牌相关的轻创业，在商业变现方面的模式一般可以归纳为以下九种方式：

1. 群会员费，社群本身就是一种商品，人脉圈子就是价值；

2. 社群电商，在社群里卖产品；

3. 广告变现，社群有流量，有流量就有广告价值；

4. 知识付费，利用社群属性可以解决专项知识学习，卖课程；

5. 专业咨询，在社群里提供专业服务来实现价值；

6. 投资众筹，通过社群间成员的信任，实现产品和资本的投资众筹；

7. 活动游学，线下的大型活动、游学等；

8. 社群裂变，根据群主本身后端的产品及服务不同，成为群主代理；

9. 自媒体平台奖励和补贴，如现在最火的短视频、VLOG头部平台，如果你拥有几十万粉丝，每个月综合收入上百万，没有太大问题。

抱着从小滚到大的节奏创业，想失败都难。以个体模式运作成功后，生意扩大成功率非常高，正如开餐馆的，生意是一张桌一张桌做大的，一个一个流水席逐步做大的，你做几个平方米的小餐馆成功赚钱后（亲自了解采购等所有细节），再做几千平方米的餐馆创业很容易成功。

很多创业者想到一个创意，就拍脑袋投资几十万、几百万规划着开一个大店，基本没有成功的可能性。

很多人受投融资思维的影响，觉得先亏损几年再赢利，或者先圈用户再赚钱，这也是有问题的。

所以起步创业最好的方式是先将成本降到最低，通过轻创业的方式才是最靠谱的，不要追求面子，务实的态度反而容易得到别人的尊重。

所以创业的人，应该务实，尽管这个小项目还不能实现你的宏图大业，但它能为你带来发工资、付房租的现金。

人只要一缺钱，心里就会发慌，思路更容易出错，然后形成恶性循环，公司也会开始走下坡路。

创业关乎梦想，也需要情怀，但更需要能够配得上情怀的才华和努力。女性要在创业的过程中不断地丰富自己、完善自己，让自己拥有更多的掌控力和安全感，最终实现财富自由，让自己的生活更加幸福美好。

养成付费思维，
让你成为更有价值的人

什么叫作付费思维？就是学会为价值买单。

很多人问，为什么要花钱啊，有免费的多好啊。免费的信息、免费的体验、免费的课程、免费的服务，现在的世界被很多免费的东西充斥着。但是商家免费送的，我几乎从来都不要。

这里面其实是有学问的。

当时免费，但是之后你会为这个免费买单，有时这个代价是高昂的。

得来太易不珍惜

从自己的心态来说，免费的东西往往得不到重视，不被珍惜，即使是货真价实的好东西。

这是人性决定的。

比如网上的各种信息、网课、资料，下载了一大堆，你仔细回想一下，哪一些资源你真的仔仔细细阅读完了？哪些课程你从头到尾认真上了？几乎很难。书也都有"书非借不能读"的说法。

华为大学的高管培训班，员工去上课不但收昂贵的学费，在上课期间还不能请假，请假要扣工资，甚至从国外工作地往返国内的机票酒店全部自理。但是如果没有去华为大学上过高管培训班的员工，缺一块学分记录，以后无法晋升。

这一下十几万没了，肉疼吧，才会每分钟认真听课，全身心参与讨论。

花了钱的东西，首先才会从心理上重视它。

特朗普的女儿伊万卡，不光能支持老爸参与美国总统的竞选，还创立了自己的时尚品牌。

这个从出生就注定衣食无忧的姑娘，却说："我的字典里，从来没有理所应得。"

花钱仔细揣摩别人的表演

花钱买一些高品质的服务和产品，这本身就是一种学习。

这是什么意思？就是你花钱买的东西，是别人花大量的时间和精力打磨出来的，必然会是一套整体呈现。

很多人对网络短视频嗤之以鼻，认为这种快消文化上不了台面。常言道"仁者见仁智者见智"，其实这种傲慢与无视恰恰说明了你没有看到流量红利背后的商业逻辑。

2019年"三八"妇女节，月入6位数、每晚试色200只口红的"口红一哥"李佳琦在淘宝大学达人学院直播教学卖口红，直播观看量18.93万，成交23000单，成交金额353万元。

2018年"双十一"，李佳琦跟马云PK直播卖口红，五分钟卖出15000支，秒杀马云的同时，纪录至今无人能破。

你打开抖音，只要刷到他，就会被他魔性的"OMG"和"Amazing"瞬间征服。在"买买买"的诱惑下毫不犹豫地下单10支，然后节约一个月。

你有没有想过通过反复观察，发现视频火爆背后其口播文案的诸多因素？

一支口红除了颜色好看之外，还有什么描述会戳到观众们的痛点？包装精致、膏体颜值高、质感舒服、滋润、持久、不掉色，还是香味？

如果你说口红的颜色就是红，李佳琦会说，红色里面带一点点番茄色、土色调的豆沙色，甚至直接给出使用场景："看演唱会，最热情的就是你""失恋的时候涂这个颜色，获得新生""甩掉烦恼、甩掉忧愁""温柔里面有点叛逆，叛逆里面有点乖巧"等。

很多女生说我不会做销售，那你有没有仔细观察李佳琦在某支口红试色的尾声的时候，会从此前试过的全部口红中挑选出几个颜色，再次强调"这几个颜色一定要买"。相比把所有口红都推荐给用户，这种挑选后的推荐会显得更加真实可信。而且用户思考的问题在不经意间会从"买不买"变成"太好了，只要买这几种"。

除了以上文案方面的内容，李佳琦的视频还有一个特点，充满了"OMG！""我的妈呀！""太好看了吧！"等反复出现的感情词汇。说实话，我们刷完全部的抖音视频，感觉耳朵和头都要炸了，脑海里回荡着这些夸张的用词。但与此同时，当我们再听到"OMG"等词，甚至看到口红时，就会不由自主联想到李佳琦。

　　这种看似"很烦"的做法，其实就像电梯里的洗脑广告，不断重复信息，让大脑形成条件反射。

　　刚才这个案例的拆解，就是生活中一个很小的例子。在短视频越来越被关注的大背景下，无论你是否想通过短视频变现，了解一下短视频带货的方式一定很有收获。

　　"口红一哥"李佳琦的口红视频从卖点阐述、文案包装、产品使用场景和个人品牌等方面都颇具技巧，领悟透彻其中的底层逻辑，才能打造出属于自己的爆款。

　　从定位到概念，从文案到设计，从引流到成交，从咨询到售后，花钱去仔细揣摩人家都是怎么做的，尤其是怎么做成功的，不失为一次绝佳的现场教学。还有比这个更生动的培训课程吗？

　　你平时是操盘者，现在成了消费者，看到的、体验到的都是别人作为你原来的角色打磨出来的成品。整个过程你带着双重视角，去仔细揣摩这个产品的每一个细节：宣传、销售、交付、服务，收获太大了。

　　学会为知识付费，为时间付费，为价值付费。打开自己闭塞的格局和思路，你会收获比门票珍贵百倍的东西。

第六章

最高级的爱，

使我们一起成为更好的人

无论是否单身，
你都要有"单身力"

我身边有好多不谈恋爱、不结婚却活得很精彩的单身女性；也有在婚姻里不得不面对"丧偶式育儿"，同样过着"单身"生活的女性；当然，还有不少离异后独自打拼的女性朋友。

有人很潇洒，说事业和工作给她带来的愉悦远超爱情；有人说，在婚姻里却过着和单身一样的生活是夫妻关系的一种失败；也有人感叹，自己在度过离异半年的艰难时光后，又找回了一个人生活的能力，并且还过得不错……

似乎，身边"单身"的人越来越多了。

对于单身状态的人，"单身力"自然就指一个人独立生存、思考的能力；对于恋爱或婚姻状态的人，借用畅销书作家李筱懿的话，"单身力"应该是不把婚姻作为阶梯，在事业、生活水准等方面达成其他目的，而是在婚姻中保持相对独立的经济与思想状态，用踏实的自己，赢得细水长流的感情的能力。

简单概括起来，单身力=自给自足的经济+独立的精神世界。

这种能力是掌握高级感生活进化论，让自己爱得更高级的关键。

电影《前任3》一开始，男主角孟云和女主角林佳在爱情长跑五年后，因为一点小事就闹分手。

林佳对着观众大倒苦水："女人容易吗？女人最好的青春就那么几年，哪像男人的保质期那么长？女人选男人跟赌博没什么区别。用那短短几年的青春要迅速找到和自己相伴一生的人，多难啊！而男人可以选一辈子，男人越老越吃香，女人越老越彷徨！听说过兄弟单位，没听过姐妹企业吧？说到底这个社会还是男权社会。那在这个时代，是什么让一个女人心甘情愿地把自己托付给一个男人？是这个男人的地位和金钱吗？不！是这个男人对这个女人的爱！"

孟云则气愤地控诉："在这个世界上，是不是所有的女人都没有安全感？是的，都没有！时时刻刻都要证明我爱你！"

这里，你们有没有发现这样一个现象：在一段亲密关系中，女人总是将"安全感"三个字挂在嘴边，而很少听到男人提及？

那么，又是什么造成了女人缺乏安全感的常态？

1. 女人的不安全感来自原生家庭

你一定听过这样一句话"女孩子要富养"，但很多人都以为"富养"是给孩子提供非常好的物质条件，其实不然。心理学认为，在原生家庭中子女对父母的依恋关系决定了他们成年后的人际关系。如果孩子从小在充满爱的环境中成长，才会有自信，长大后心理就会更为健康，也更有安全感。但是如果孩子的父母很冷漠，没有能及时满足孩子的情感需求，或者有暴力倾向导致孩子在恐惧的阴影下长大，那么孩子从小就会有不安全感，甚至这种不安全感有可能伴随终身。

所以，富养指的是让女孩在一种被爱所包容的环境中成长。只有这样，女孩长大后，才会对人有信任，才会在亲密关系中与恋人有很好的互动。

2. 女人的不安全感来自习得性无助

按照世俗的标准，《欢乐颂》里的安迪很成功：纽约归国的高级商业精英，投资公司高管。高挑美丽、气质出众不说，特立独行，智商高得吓人，商场上罕见敌手。

但是安迪却不幸福，她缺乏安全感，甚至很难和人建立亲密关系，也拒绝和恋人进行肢体触碰。

其实安迪的不安全感就是来自心理学上说的"习得性无助"。

这个概念是美国心理学家赛利格曼1967年在研究动物时提出的。他用狗做了一项经典实验，起初把狗关在笼子里，只要蜂音器一响，就对狗施加电击，让狗无法躲避。多次实验后，他发现只要蜂音器一响，哪怕没有电击，并且打开笼门，狗都不会逃脱，而且会倒在笼子里开始出现电击后的呻吟和颤抖。

这种在经历了失败和挫折后，本来可以主动地逃避却绝望地等待痛苦的来临的心理状态和行为，就叫习得性无助。

如果一个人不能够对客观环境和主观因素进行分析，对自己行为失败的结果进行正确归因，而把不可控制的消极事件或失败结果归因于自身的智力、能力的时候，一种弥散的、无助的和抑郁的状态就会出现，他的自我评价就会降低，动机也会减弱到最低水平，同时产生无助感。

因此，"强大"如安迪，也缺乏安全感，其根源就是她幼时被亲生父母抛弃的经历。虽然后来得到养父养母全心全意的照顾，并接受了精英教育，她却因习得性无助，无法摆脱童年的阴影。

3. 女人的不安全感来自经济不独立

认为"一个人能使自己成为自己，比什么都重要"的弗吉尼亚·伍尔夫说过："一个女人如果打算写小说的话，那她一定要有钱，还要有一间自己的房间。"

这背后的逻辑是女人得拥有自由的空间，才能拥有对生活自由选择的权利。

受我国传统文化的影响，房子一直是人们眼中"安全感"的重要依托——有了房子，你才有了在这座城市行走的底气——无论是碰到失恋还是失业，有了遮风避雨的房子供你休养喘息，你就和被现实击溃永远保持着一个安全的距离。

前不久，一份涵盖了京、沪、深、杭等中国12座大城市的964户家庭的房产交易分析报告显示，有47.9%的买房者是女性，相比之下，2014年时该比例仅为30%左右。

其中，74.2%的女性受访者表示她们买房时没有接受伴侣的资助，45.2%接受了父母资助，29%完全凭一己之力买房。

这些独自买房的女性，无一例外，都经济独立。

德国诗人布莱希特说过："不管我们踩什么样的高跷，没有自己的脚是不行的。对于陷入爱情中的一方来说，经济独立就是自己的脚，是自己能够把控和取舍的。"

经济独立后获得的爱情才经得起风雨考验。任何时候，无论跟谁在一起，请永远保住自己的底线。即你现在的日子，不是因为依附于别人而得来的。在起伏的生活里，一旦发生变故，必须有随时自力更生的能力。

家庭不再是女性一辈子的避风港，我想说，其实养家糊口也是很累的，没有人能对另一个人一辈子负责。这个世界上，能对你一辈子负责的只有一个人，就是自己。

尤其是女性，必须抛却那些美好而虚幻的假想。一个超有能力，对全世界都凶只对你好，而且好一辈子的霸道总裁只存在于电视剧里。真实的世界是——本来就没有什么岁月静好，你的暂时安宁只是有人在替你负重前行，记住，这只是暂时的。

那些带有强烈罗曼蒂克色彩的幻觉，一方面是女性的天性使然，还有一方面是男人为女人编织的瑰丽而又虚幻的梦境——女子无才便是德，嫁一个好男人，相夫教子才是一辈子。

拨开表象，抽丝剥茧后，你会发现所有关系的最深层核心只有一个——价值，你向对方提供了什么价值，而对方又能满足你的哪些诉求。

独立的女性，不再向对方索取基本的物质保障后，她也就无法容忍对方要求她必须全身心为丈夫、家庭付出和退让的要求。

两人关系里，天平可以暂时失衡，因为可以互相帮助，彼此搀扶。但是长久的失衡，关系必然走向破灭。久病床前无孝子，更何况没有血缘关系的夫妻。

　　杨绛先生也曾说过，我没有什么良言贡献给现代婚姻。只是想提醒年轻的朋友，男女结合最重要的是，双方互相理解，互相欣赏、吸引、支持和鼓励，以及两情相悦。

　　不因为物质经济而相互绑架，正是拥有独立而理性的相互选择的基础。只有在这个基础上，人们对待感情的眼光才会更多迁移到人品、三观、性格上，这才是关系是不是真的幸福的基石。

　　否则你们的关系可能"长久"，却很可能不幸福。长久的不幸福，听起来就让人毛骨悚然。

　　还有一个在经济独立基础上的"精神单身力"，这个就更重要了。

　　任何人都必须先是自己，才能是她的社会角色：妻子、母亲、儿媳、领导、下属、客户。

　　虽然在每个场合、每段关系中，我们都会尽力完成自己应有的角色，但是如果最核心的内在自我缺失的话，人的思想精神就会被绑架，陷入被动、讨好的境地，所有的心绪起伏都被牵制，会逐渐丧失平衡健全的评判标准，更谈不上独立和自我发展了。

　　在婚姻之中，不仅有最初的甜蜜，还有挫败、孤独、失望，从小到大上过这么多学，却从未有人教过你该怎么面对这真实而又棘手的生活。

　　这对男人女人来说都是一样的，你是第一次当妻子，他也是第一次做丈夫；孩子是第一次降临到这个世界上，你也是第一次成为妈妈。所以，这对每一个人都是全新的挑战。

　　因此，并不是进入了婚姻，你或者他就从此发生了翻天覆地的变化，从此就像连体婴：

每一个雨夜都有他为你撑伞守候，每一顿饭菜都由她亲手做好；

你的每一个喜怒哀乐他都得立马回应，他的起居行踪都必须条条报备。

慧极必伤，情深则不寿。靠得太近的刺猬，一定会刺伤彼此。

很多人看医生、去咨询，都是抱着同样一个心态——请立刻、马上、现在，给我一个立竿见影、一劳永逸的办法！替我解决这一切。可惜99%的情况下，没有这样的灵丹妙药。所谓"捷径"，只会把人引向更远的歧途。

解决这些问题的出路只有一个——先成为一个不断成长的、独立的自我。

奶茶刘若英在《我敢在你怀里孤独》一书中，这样描绘她和钟先生婚后的生活状态："夫妻俩一起出门，她喜欢看什么电影就自己一个人去，她丈夫喜欢看什么书也是一个人看。两人一起回家，进家门后一个往左，一个往右。两个人有各自独立的卧室和书房，共用厨房和餐厅。"

在她看来，正是因为大家都无比信任彼此，住在一套房子里可以亲密相处，住在不同房间则可以各享独立空间。

成熟男女的爱情达到最高境界时，就会像她和丈夫那样，即使在一起时大家都沉默不语，心里也是甜蜜幸福的，而不会觉得尴尬无聊。

越长大，越成熟，我们才敢慢慢承认，人的很多时光是独行的，哪怕是在人群里，我们也是一个独自的灵魂。

这个世界上没有百分百的感同身受，也没有谁能够完全理解和迁就另一个人，不能进入婚姻就彻彻底底把自己和对方都绑架，要求对方"你是妻子/丈夫，就必须……"

相识就是缘分，相爱已是难得，相互有理解和扶持，就是善莫大焉；如果用神仙眷侣的标准来要求，都是平凡人的我们，谁也不能及格吧。

所以，相爱更要相敬。家庭的相处之道，要敢于接纳孤独，以平常心去真正体会我们都应该先是个体，才是夫妻。

学习如何"独处"，是我们一生的课题，即使拥有亲密关系，也要学习时刻保有自己完整的精神世界。做一个有"单身力"的人，无论是否单身，你都能过得幸福。

爱情不需要一腔孤勇，
先谋生再谋爱

有一位粉丝给我留言，她半年前生意失败，导致负债累累。丈夫没有帮忙，反而因为经济不顺，两人闹出很多新的矛盾，于是离婚了。现在的她很是郁闷，千头万绪，不知道如何是好。

我建议她，家庭和事业，先全身心投入其中一边，目前的情况没办法百废待兴、全面重建。

她继续追问，应该选择哪一边呢？

这让我陷入了沉思。人生的重大选择，每个人都不应该替别人决定，每个人也不应该期待别人帮自己选择，能做出选择并为之负责的，永远只有自己。但如果我们能接受一些人生底层逻辑的启发，或许可以让我们的选择变得更容易和清晰。

经济独立永远是第一位的

经济基础决定上层建筑。

结婚也好，离婚也罢，不过是一种生活状态，跟感情相关的经营都是需要付出巨大心力的。有的人在婚姻里痛苦不堪，也有很多人在恢复单身时才又活得有滋有味。这里面太多太多的缘由和隐衷，不足向外人道。

所以，结婚的、离婚的，都有过得好的和不好的。

尤其是人到中年，体面都是钱给的。上有老，下有小，吃穿住行是基础，教育、医疗都是大项支出，而事业也处在一个关键期——不进则退。

人生并不是一条美好、均匀向上的曲线。在四十岁左右是一道坎儿，如果没有积累沉淀，没有重拾向上发展的势头，十年岁月一过，一旦向下滑落，就很难再起来了，眼看着就会越来越差。

但是如果大家都活得不好，赚不到钱，吃不饱饭，所有矛盾就会集中爆发，这无论对于整体还是个人，都是灾难性的。

对于家庭也一样，"贫贱夫妻百事哀"。老祖宗说的话，不是没有道理的。马斯洛也早就告诉过我们："满足生存、安全的需求是第一位的。"

不是感情不重要，是因为它最难

在前文我们就说过，在看过了很多真实的生活案例以后，大多数遇到了瓶颈的女性，究其根本原因，是本末倒置了人生的结构体。她们的排序都是：爱、智慧、力量。

爱是第一，情感第一。

但是现实生活中却是：爱得越疯狂，毁灭得越迅速。

"情感大过天""婚姻家庭，老公孩子第一""想太多，做太少""时间精力花在别人身上，不是自我成长和增值身上"，这都是女性遇到很多生活难题的"原罪"。

回想一下，那些没有智慧（通透人性）和力量（经济基础）的爱，哪一个能走得天长地久？

因此不要去责怪对方，不要去考验人性，大家多数都是平凡的普通人，与其把人生希望寄托在别人身上，不如积极自救。稳定的收入和资产，是每个人的立世之本。

先有力量，再谈感情；先谋生，再谋爱。先自立，腾出手，有钱有闲有心力有智慧了，才能更好地经营感情。

时间精力放在哪儿，成果就出在哪儿。

但是就复杂程度而言，感情和家庭其实才是最复杂最难的。从性价比来说，情感是最不确定的，或者说最难预估投入产出比的。所以这个最难的问题，还是应该留到最后去解决。当你一路打怪升级，自己一路逐步拥有越来越多的力量和智慧时，你才能游刃有余地去解决家庭和情感的问题。

德国史上首位女国防部长冯·德莱恩上任时，已经是7个孩子的妈妈了，但她却做到了事业与家庭和谐兼顾。她的成功也激励了更多德国女性的斗志。

冯·德莱恩曾说："从政时，我担心自己会变成一个坏母亲，我丈夫的压力也很大。"不过，在她的努力下，最终还是解决了这些问题，不仅孩子们个个成绩优异，她本人也得到了总理默克尔的赞许，称她"把事业和家庭融合一体的能力尤为突出"。

有人问她，是如何做到这一切的？冯·德莱恩给出了以下建议：

第一，调整好家庭和事业的关系，让丈夫也参与到家庭生活中来，并在家庭和事业的转换中演好各自的角色。事业上，她是一位呼风唤雨的"头"，可只要回到家，她就只是一个温柔的贤妻良母。她从不在家里摆架子，懂得请求丈夫帮忙做家务。

第二，她还告诉广大女性朋友，时间只要"挤一挤"，总是会有的。当下我们很多女性同胞经常抱怨"没时间"，但仔细想想，其实是我们不懂得科学利用时间，经常做一些毫无意义、低效率的事情。想想那些成功的女士，她们的工作强度绝对比一个小部门经理或老板助理要大得多，但她们却安排得有条不紊。

第三，在必要的时候，要懂得为家人牺牲。冯·德莱恩曾有一份如鱼得水的妇产科医师职业，但由于丈夫赴美深造，她毅然决定放弃事业，专心照顾家庭。她说，正是她当年的"自我牺牲"，才构建了家庭的和谐，以及她后来从政时丈夫的大力支持。

感情的世界里，最不需要的就是一腔孤勇、全副心思、飞蛾扑火般的投入。它需要真正的智慧和现实条件的支撑。

当生活已经把你逼到背水一战的境地的时候，你需要认真地评估自己的各个方面处于什么样的状态，把自己有限的时间精力，先集中起来解决一个问题。贪大求全，结果一定是哪个问题都无法解决。

人生没有十全十美，应分轻重缓急。听从内心，做自己的决定，为自己的决定而负责。

只是请记得，自身的发展和经济基础，无论男女，是每一个人的正面战场，绝不能放弃。

　　一旦放弃，没有任何地方会是你的永久避风港，生活终将把你逼到退无可退之时，露出狰狞的面孔。

找到你的灵魂伴侣，
让真爱触手可及

要想爱，你得先学会辨别什么是真爱

按照亲密程度，爱情可以由低到高分为三个层次：好感、喜欢和激情之爱。

第一个层次是好感。这种感情往往来自我们对人的初级印象，停留在比较浅的层面。好感通过深入交流有可能转变为喜欢甚至爱，也有可能会很快地变成过眼云烟。提起好感，人们往往想到的是"我觉得谁还不错"，并在内心有种想和他亲近的小小期待。

第二个层次是喜欢。喜欢会比好感的情感密度更大，很容易激起人内心深处的柔软，很温柔、体贴地对待对方。但和激情之爱相比，前者缺乏强烈的欲望和激情，后者会明显地付诸行动；前者局限于现在，后者更愿意计划未来。

第三个层次是激情之爱。这种爱带着非理性的迷恋，往往给人们留下"一见钟情""坠入爱河"等印象。这种爱情的激情好似山洪海啸，是一种两个人同心合意、情深义重、合二为一的冲动。它是最浓烈的一种人际关系吸引，是一个人对另一个人产生的最高级别的浪漫情感。

就像著名翻译家朱生豪给宋清如的情书中所写：

（信1）

不许你再叫我朱先生，否则我要从字典上查出世界上最肉麻的称呼来称呼你。特此警告。

你的来信如同续命汤一样，今天我算是活过来了，但明天我又要死去四分之一，后天又将成为半死半活的状态，再后天死去四分之三，再后天死去八分之七……等等，直至你再来信，如果你一直不来信，我也不会完全死完，第六天死去十六分之十五，第七天死去三十二分之三十一，第八天死去六十四分之六十三，如是等等，我的算学好不好？

…………

（信2）

接到你的信，真快活，风和日暖，令人愿意永远活下去。世上一切算什么，只要有你。

我是，我是宋清如至上主义者。

人去楼空，从此听不到"爱人呀，还不回来呀"的歌声。

愿你好。

这情信，朱生豪一写就是九年，他最终打动了宋清如，两人在1942年走进了婚姻的殿堂。

婚后，宋清如为了支持朱生豪的翻译事业，主动包揽了家中大大小小的事务。

可惜，两位神仙眷侣的美好生活，因朱生豪的过世戛然而止。

痛苦撕碎了宋清如的灵魂，但是她将对丈夫的爱与缅怀全部化为动力，在随后的三年，闭门不出，全身心投入丈夫的遗稿整理和未完成的翻译工作中，直到书稿付梓。

正是在他俩的共同努力下，我们才能看到朱生豪所著的《莎士比亚全集》的经典译本。

苏联著名教育家苏霍姆林斯基曾说："真正的爱情不仅要求相爱，而且要求相互洞察对方的内心世界。"无论是朱生豪还是宋清如，他们都做到了，这场爱情成了他们两个人的互相成全。

反观很多人的"爱"，停留在只是喜欢对方的权势地位，停留在跳过他身边围绕的莺莺燕燕而获得一时胜利的感觉；还有一些人的"爱"，停留在贪恋被人包围追捧的感觉，以此证明自己魅力无限；还有一些人的"爱"，停留在一厢情愿把所有的热情都投给自己心目中虚构的对象……

这些"爱"爱的都不是对方这个人本身，而是沉迷于"恋爱"的感觉，它离真爱相差十万八千里，如海市蜃楼，美则美矣，却让人迷失方向。

利用吸引力法则，找到你的灵魂伴侣

爱情也是需要寻找的，爱情也要像事业一样，需要设定一个目标，去一步步实现。

心理学上有一个"吸引力法则"，指的是思想集中在某一领域的时候，跟这个领域相关的人、事、物就会被它吸引而来。

也就是说，你如果对爱有着强大的渴求。你身上，或者你就会

向四周传递这样一个信号，那么在你周围接收到这个信号并且符合条件的人就会被你吸引过来。

这里估计会有不少姑娘跳出来反驳我：我明明很渴望爱，为什么找不到爱人呢？

我要说的是：你要追求爱、敢爱，还得有能力爱。

爱是需要能力的，不管你是被爱还是去爱。没有爱的能力，你怎么能与你爱的人产生良好的互动，建立真正且长久的亲密关系呢？没有爱的能力，当你遇到那个对的人时，你又怎么能够回应他，抓住你们之间美好的爱情呢？

只有你懂爱且有能力爱了，你才能抓住它，不会与爱失之交臂。

想起完美爱情，大家脑中关联到的一个特别美好的词就是"灵魂伴侣"。谁都希望找到自己的灵魂伴侣，那什么是灵魂伴侣呢？

灵魂伴侣的英文叫"soulmate"，字面意思上看，就是灵魂互相依伴的人。

要成为灵魂伴侣，首先两个人的精神上契合度必须非常高，除了互相喜欢，三观、喜好等都非常一致，两个人的性格特别能够互相吸引，而且在所有问题上都无话不谈。

爱情经典电影三部曲《爱在黎明破晓前》《爱在日落黄昏时》《爱在午夜降临前》就很好地诠释了什么叫"灵魂伴侣"。

男女主人公杰西和赛琳娜在火车上第一次见面，二人一见如故，相谈甚欢，并相邀一起游览维也纳。旅途过程中，他俩谈论着彼此的过去，对生活的感想，谈话间他们对彼此的了解也越来越深刻……

九年后，杰西成了作家，写了一本书追忆当初与赛琳娜的那次相遇。在最后一站的巴黎签售上，赛琳娜在书店出现了，"金风玉露一相逢，便胜过人间无数"。

又过了若干年，杰西期望赛琳娜能搬去芝加哥，俩人在开往希腊的车上吵，在朋友的庄园里吵，在旅馆的房间里吵……最终赛琳娜被杰西写的信所感动，与他携手一生。

这个系列的爱情故事，与以往的爱情电影相比，没有轰轰烈烈的山盟海誓，没有生死离别，从头至尾几乎全是男女主人公之间随时随地的对话交流。

"这有什么呀？不就聊天吗？谁不会呀？"

你还真别小看这个聊天，其实它要求的精神契合度很高。

举个例子，你兴高采烈地想和恋人分享拿下一个项目的喜悦，他却懒洋洋地说："不就那么点钱吗？值得高兴成这样？"当你想和恋人一起去看某画展的时候，他冷冷地来一句："人多，不去。"你会发现立刻就没兴趣了。很多人为什么会觉得这个人不是自己的灵魂伴侣？就是因为觉得有些话，有些时候，对着他，你就不想说了。

由此可见，爱情经典电影三部曲之所以能够打动人心，是因为它真正展现了伴侣之间精神层面的深层互动，历经考验后爱情还依然保有细水长流的样子。

还有一点，灵魂伴侣一定是非常在乎对方的。她/他会把对方放在和自己相同的位置之上，甚至某种时刻，会把对方放在高于自己的位置去考虑。

美国的历史地标布鲁克林大桥全长1834米，被称为世界"第八大奇迹"。但它的背后有一个动人的爱情故事——它的建成要感谢一位叫艾米丽·罗布林的女性，正是她的努力，才使得这个奇迹最终呈现在世人面前。

这座大桥的建设可谓一波三折。最开始的设计师是约翰·罗布林。可是他在前往布鲁克林塔的地点勘察时，遇上了交通事故，被截取了部分脚趾，不久就因破伤风而离开了人世。于是，大桥的首席工程师一职就落到了他的儿子小罗布林身上。

没想到，布鲁克林大桥正式开始动工后不久，小罗布林就患上减压症而瘫痪，无法亲自监督大桥的建造工作。这时候，他的妻子艾米丽站了出来。她靠着对丈夫的爱，从零开始，学会了高等数学、悬链线的计算，了解了不同材料的强度、大桥的设计规格，以及绳索施工的细节。接下来的十一年中，她都用书面的形式沟通施工团队，协助小罗布林完成大桥建设的监督工作。

1883年，布鲁克林大桥竣工了。它的桥墩高达87米，是当时纽约最高建筑物之一。可惜的是，小罗布林因身体原因无法参加大桥的开通典礼，艾米丽替代他成了第一个走过大桥的人。

艾米丽对丈夫的爱，让她分担起督造布鲁克林大桥的重任。她和小罗布林能互相找到彼此，是非常幸运和让人羡慕的。

最后，如果遇上你的灵魂伴侣，你一定会有"相见恨晚"以及感谢前任让你们恰好在此时此刻相遇的幸运感。

那我们怎样才能够找到自己的灵魂伴侣呢?

第一,你得有自己丰富的精神生活,而不是只关心物质层面的满足。这样你才会有一个有趣的灵魂,才能要求对方成为你的灵魂伴侣。

第二,你得有关爱自己的能力,你真正爱自己了,才懂得如何爱别人,才有和别人成为灵魂伴侣的能力。

第三,如果你觉得他很契合,要珍惜眼前人。要知道遇见灵魂伴侣的概率是很小的,一旦遇到了,就千万不要错过。

爱需要用心维护

当你终于找到了你的灵魂伴侣时,就可以手牵着手、万事大吉了吗?

并没有。

很多人都有过这样的经历,一开始你侬我侬,等热恋期结束后,往往会有一段对对方特别不满意的时候。

这个时段,大家都褪去了滤镜光环,"你在我眼中好像没有那么完美了""你好像并不了解我""我们的生活节奏不一样""我们好像不合适"。

觉得对方好像没那么在乎自己了,猜疑和比较心思会变重,开始计较自己的付出与对方给予的回报是否平等,最常见的问题就是:"他还爱我吗? 我们的关系还要继续下去吗?"

还有，"你喜欢北方的大雪纷飞而我喜欢南方的艳阳高照""我们对未来的期待不一致""我明明这么爱你，你却把我的爱用来伤害我"，等等。

如果这段时间，两个人产生严重分歧没法调和，那么分道扬镳的概率就会很大；反之，一旦度过了这段时期，两个人的关系就会变得非常稳定了。放到婚姻里，"七年之痒"也是如此。

1. 解决问题的首要办法永远是良性沟通

要知道，世界上没有一个和你想法一模一样的人。因此，要维持良好的亲密关系，良性沟通非常重要。

很多女孩在碰到喜欢的人的时候，不敢开口说自己的喜好，想给对方留下一个温柔体贴的印象，这是不对的。

很多事情，比如你对这段关系的期待、你自己的优缺点、你欣赏对方的地方、不喜欢的地方等，都应该在合适的时机和对方开诚布公地说出来。这种讨论越多，对你们的关系发展越有利。毕竟，欣然接受的前提是理解。他理解你是什么样的人，知道以什么样的方式采取行动和处事，才能够更好地接受你和支持你。

在沟通的过程中，可以采用一个小技巧：先向对方表达自己的爱意和尊重，多客观地描述事情给你带来的感受，并且告诉对方如果改进能让你感受更好，会取得更好的沟通效果。

网上有不少女孩子吐槽自己男友在情人节送的"奇葩礼物"的梗。大家"哈哈哈哈"大笑过后，不知有没有想过造成这些问题的原因是什么？

在我看来，这不能简单地归因于男孩子不用心，还应该有两人沟通不到位的原因吧。假如，女孩可以在节日前，把自己的喜好和男友沟通好，或者在收到不是很满意的礼物后，在领会到对方的心意的同时，告知对方喜欢什么样的礼物，这样的问题是可以避免的。

你们在沟通的过程中，一定不要想当然，要确认对方的真实想法以及准确接收到了你的信息。你所认为的他可能并不是真正的他，你所认为的对方的期待可能只是你的误解，你所传达出的意思也许并没有被很好地接收到。

2. 明确你的底线，一旦对方越界，这段关系就不值得留恋

不是所有关系都值得维护和留恋，这中间需要我们明确自己的底线。

因为，每个人都有自己的价值取向，也有独特的爱情观念和行为方式，所以我们每个人也一定有在关系中绝对不能忍受的东西。一旦底线被触碰，那就是你们终止关系的时候了。用流行的话来说，这叫"及时止损"。

需要强调的是，在一段关系中，底线必须要有，但不是越细越好。因为底线多且细碎，你就会变成一个对对方很苛刻的人。对对方很苛刻的人往往也很自我，这样的人是没法拥有一段非常好的亲密关系的。所有的相处，都需要双方一定的牺牲、妥协和迁就。

随着关系的发展，种种疑虑的产生，你需要在内心设定一个清单，列出对方的缺点、和你不同的部分，为这些事进行重要程度的排序，看看哪些是你一定不能接受的，哪些是更容易接受的。有一

些事你们通过沟通让对方改进了，也有一些事你选择了包容。

最终，你们会通过沟通来达成一些约定、双方都做出一定的妥协，让这段关系对"差异"的解决方式稳定下来。

3. 聪明的女人，要学会装傻

第一，要保持对伴侣适当的"崇拜"。

这种"崇拜"一方面是基于你对对方的欣赏，一方面是对你们的关系要保持一种积极的心态。

你对他的缺点心知肚明，你也接受他和你之间的差异，但是你依然欣赏他、尊重他；对方做了不好的事情时，你会先考虑他是不是有什么苦衷而不是有意伤害你；你对你们的关系有着优越感，认为彼此就是对方"最正确"的那个人。

第二，多从"我们"去考虑，而不是"我"。

一段关系里，问题都是两个人产生的。所谓"一个巴掌拍不响"，如果你能够做到把两个人的关系作为一个整体去考虑，就会让你俩之间的依赖更深。"我不要你觉得，我要我觉得"，这句话之所以让人反感，就是只从自己的角度去考虑问题。如果改成"我们是不是……"，无论是你还是他，都会更积极地去解决问题。

第三，经得住诱惑。

"他是不是还爱我？"这个问题的背面其实是另一种隐形期待："也许还有人比他更爱我。"

在一段关系中，我们很难在内心中不去计较自己的付出和回报，也很难不去设想换一个人是不是更好，但是这种想法对维持现有的亲密关系是有害的。

而人的天性就是趋利避害的，一旦我们认定，目前的关系是最好的选择，就不会轻易地结束现有关系。

反过来说，一来我们可以利用这种天性，去想象破坏现有关系带来的后果，以此对风险保持警惕。这可以让我们更珍惜身边的人。二来，我们还可以保持一种对现有关系的积极肯定，不去对其他对象产生好奇，或者主观上有选择地忽视那些有吸引力的对象，并且对他们有意"丑化"，从而提高我们抵抗诱惑的能力。

这方面的楷模当属文坛伉俪钱钟书和杨绛。

钱钟书和杨绛属于一见倾心，但是好笑的是二人都"绯闻缠身"。

于是，钱钟书再见到杨绛的时候，忙着澄清，第一句话就说："我没有订婚。"

杨绛甚解其意，不卑不亢地回复道："我也没有男朋友。"要知道，传言追她的男生有七十二人之多，故她有个绰号叫"七十二煞"。

二人完婚后的一天，杨绛读书，读到英国传记作家描述理想婚姻的状态："我见到她之前，从未想到要结婚，我娶了她几十年，从未后悔娶她，也未想过要娶别的女人。"

她把这段念给钱钟书听，他当即表态："我和他一样。"

杨绛也即刻回应："我也一样。"

1946年，钱钟书将自己的短篇小说集《人·兽·鬼》送给自己的妻子，并在扉页上题字："赠予杨季康，绝无仅有地结合了各不相容的三者：妻子、情人、朋友。"

1994年，对着不辞劳苦全力支持自己编书的妻子，钱钟书称赞杨绛道："你是最贤的妻，最才的女。"

二人相守六十三年，从未后悔。

放下原生家庭的痛，
你的生活才会充满爱

人格究竟是天生的，还是后天养成的？

这个争论经久不衰，双方都各执一词。

先天派认为，基因就像种子，无论后天土壤如何，虽然会影响它长得好或者不好，但是大部分的形态发展是不会更改的。就像种下一棵松柏，日后总不会长成仙人掌。

而后天派认为，同一对爸妈生出来的孩子，兄弟姐妹之间拥有比跟父母更相近的DNA，按道理他们应该差别不多。但是事实却是，孩子们之间的性格脾气、三观、人生轨迹，大相径庭者比比皆是。说明后天的环境影响更重大。

原生家庭：父母皆祸害？

跟一位做儿童情商教育的朋友聊天，她说感觉这两年市场渐渐好做起来了。很多父母开始关注孩子的情商教育，如何建立自信心，如何增加抗挫折能力，如何提升社交沟通表达力，等等。

还有一些给父母的家庭教育课程，也很受欢迎，招生情况越来越好了。

总的来说这是好事，仓廪足而知礼节。

　　我们的爷爷奶奶辈，生活条件很差，那时候一个家庭里的孩子又多，光是拉扯养活我们的父母辈已是不容易。我们的父母辈，为了争取到更好的生活条件，辛苦一辈子，他们开始从物质养育上，注重营养、健康。

　　而对现在新一代爸爸妈妈来说，给宝贝们源源不断的进口奶粉、四季常新的衣服、丰富多彩的教育和兴趣培养，已经完全不在话下，慢慢地大家也开始把目光投向了情商、性格培养，于是"原生家庭"这个词，近年来被讨论得非常多。

　　原生家庭，是指每个人还未结婚生子建立自己的家庭之前，跟自己的父母或是养育人组成的家庭和环境。

　　《都挺好》中的苏家小妹苏明玉，自小遭受不公平待遇，妈妈偏心得厉害，凡事都护着二哥，苛责明玉。加上父亲的软弱，哥哥仗势欺人，幼时的经历就像阴影一般，笼罩着她的童年。

　　即使在18岁就与家庭决裂，可是那些影响却始终没有消失。原生家庭中受的伤，直接导致了长大后的明玉对亲情的冷漠、对感情的迟疑。

　　明玉对母亲充满了怨恨。但她一边恨着母亲，一边又不自觉地活成了母亲的样子——那个自己最讨厌的人。她继承了母亲的强势，还有对人对事的苛求与冷淡。正如父亲苏大强无意中说出的那句话："你和你妈简直一模一样。"

　　原生家庭的影响，应该说是不可忽视的。

　　家庭治疗师默里·鲍恩(Murray Bowen) 将这些思想系统化，他认为，家庭问题会导致人格缺陷，这一缺陷不仅会伴随个体的一生，还会一代代传承下去。

而长期从事犯罪心理和青少年心理问题研究，在中国人民公安大学任教的李玫瑾教授，根据弗洛伊德精神分析理论，特别强调生母抚育在婴幼儿时期对人所产生的影响，由此提出了预防犯罪要从未成年人教育抓起。

李玫瑾强调，0-3岁的婴幼儿期，是孩子对抚养者产生依恋的过程，若这一时期没有得到依恋的满足，后期便没有安全感，性格也容易变得急躁和敏感。婴幼儿在潜意识里形成的习惯，将会影响其一生。而在6岁前，要对孩子说"不"，要立规矩。让他知道很多东西，不是自己想要就能够得到的，更要让他知道不能利用父母对他的爱来威胁，这是无效的。

马东曾在《奇葩大会》上问心理学专家武志红老师，原生家庭真的有那么重要吗？武老师说：在我看来，真的非常重要。

而高晓松、王朔、董卿都曾在节目中上提起过，与父亲的关系不良，对自己的人生造成了很大的影响。

再加上这些年，各种心理学公众号、专栏、节目的大量讨论和转载，原生家庭似乎成了一个不可逾越的栅栏，紧紧箍住了每一个人心底幼年时代可能有的伤痛。

没有得到过足够亲昵和爱的，一生在感情中反复试验和折腾，需要通过一而再再而三的试探底线来证明，对方究竟是不是足够爱自己；从未收获鼓励和赞赏的，就算外界说你做得再出色，自我评分体系中的得分都相当低，经常陷入自我怀疑、敏感和自卑……

以至于，豆瓣上出现了"父母皆祸害"（此句出自英国小说家尼克·霍恩比的畅销书《自杀俱乐部》中，少女杰丝的一句台词）的讨论小组，引得网友们疯狂吐槽。

那么，我们现在身上所有性格缺点、平时隐藏的苦痛与弱点，真的都是原生家庭造成的吗？父母们有心或是无心的过错真的贻害无穷吗？

我这一辈子就这样了吗

原生家庭的魔咒多么可怕，所以，我这一辈子就这样了吗？

答案是颠覆而令人开心的——可能你高估了"原生家庭之伤"，又或者也高估了"先天遗传"。

发表在《科学》上的一项历时超过十年的研究，调查了56对分开养育的同卵双生子和30对一起养育的同卵双生子，并对他们进行了超过五十小时的深度测试和访谈，内容涵盖了智力、人格、生理等十几个方面。

结果发现，加利福尼亚人格量表的结果比值为0.979，十分接近1，而多维人格量表的结果比值甚至达到了1.02。不管有没有分开养育，这些同卵双生子的人格相似程度都差不多。

也就是说，共享家庭环境对双胞胎们的人格形成产生的作用并不显著，作用程度低于非共享环境。

什么意思呢？比如一对双胞胎在同一个家庭下长大，父母拥有同样的养育方式，吃一样的饭菜，穿一样的衣服，这叫作共享环境（原生家庭），但是后续他们上学了，可能会进入不同的班级，有不同的老师和朋友，这是非共享环境。

这并不是说家庭不重要，家庭依然重要，只是人们可能高估了它的影响。不少心理学研究也证实了，创伤性经历会影响人格发展，如果这样的创伤性经历发生在童年时的家庭中，那自然也会对子女的人格造成伤害。

但是这里有一个关键词——创伤性经历。

一般来说，家庭相关的创伤性经历，其中包括生理虐待、性虐待、无视以及失去父母亲或监护人的关爱等。

但是大多数人的父母，没有坏到这种程度。那种偶尔在新闻里见到的，把孩子饿死、打到伤残，或者天天关在家里禁闭的情况，比例还是极低的。

原生家庭，父母在抚育的过程中，会不会有错误？一定会有。会不会对我们造成伤害？非常可能。

难道这些伤害就应该是我们一辈子的原罪和枷锁，成为一辈子的心理障碍吗？

除非是创伤性经历，其他"伤"并不能成为一个成年人诸事不顺的托词。

我们的肉体，有着强大的自愈能力，心理也一样。通过不断学习、自我成长，通过寻求外界的支持和帮助，是可以修正和弥补很多事件的影响的。

还有一个数据，证明了另一个答案——先天遗传对人格形成的影响，也并不是一辈子的。2017年，一份针对21057对双胞胎的研究发现，人格的总体遗传率在幼年时最高可接近80%，随后逐渐降低，到成人时期稳定于40%左右。而2015年一份超过100000人的研究也得出了类似结论，人格的遗传率约为40%-50%。

因此，人格、性格的形成是一个综合作用的结果，是一个长期积累的过程。

建立新的生命模式

随着《哪吒》的爆红，大家都被小哪吒一句台词激动得热泪盈眶——我命由我不由天！

即便出生注定是魔丸转世，即便从小便被陈塘关所有百姓误解憎恨，即便背负了"活不过三年"的断言，父亲李靖却告诉哪吒："你是谁，只有你说了算。"

哪吒是不认命的：

"生而为魔，那又如何？"

"若命运不公，就和它斗到底！"

"我要反抗，所有命中注定！"

"我命由我不由天！"

最终，哪吒打破了一切的断言，争取到了属于自己的命运。

这不仅仅是一部神魔动画片，哪吒的精神更应该是我们所有人学习的榜样。

生活需要高级感

在制度森严、充满桎梏的古代，还能产生"王侯将相，宁有种乎？"的名言和呐喊。在今天，我们每一个个体拥有不知比古人便利多少的信息渠道，拥有比古人大几百倍的话语权和发声权，国家在高速发展，社会仍然充满机遇，还有比这更好的时代吗？

先天的起步已注定，客观的外因只是土壤，其实我们能做的，是不断促使自己内在的强大和成长，因为内因的作用和影响远远比我们以为的更加强大。

虽然，每一个原生家庭都不会是完美的；

固然，我们各自有着先天的性格特征；

诚然，在成长的道路上会有各种挫败和阴影；

但是，这不是我们把一切错误都归于先天和原生家庭的理由。

成年的我们应该逐渐强大，用自己和借助外界的力量，疗愈和纠正一路上的创伤。成年的我们将会承担起更多的生活责任，对我们自己，还有儿女后代。

如果原生家庭和童年记忆曾经有过缺失，那么我们应该让这些遗憾终止在自己身上，而不是相隔三十年后，又一次重复上演在自己的新家庭里，成为我们下一代的原生家庭之伤。

我们要做的，是阻止这些可悲循环往复下去，阻止它们成为一个不可逾越的家族轮回的魔咒。这是我们作为成人的义务，也是我们作为父母的责任！

只有放下了原生家庭所带来的痛苦，我们的身边才能充满爱。